MEATING
MEAT + MEETING
당신이 몰랐던
고기를 만나라

전문가가 들려주는 맛있고 건강한 고기 이야기

아는 만큼 맛있어지는 고기의 세계!! 안전하게 고기 먹고 건강해지자!!

MEATING

MEAT + MEETING

당신이 몰랐던
고기를 만나라

PART 1

나는 아무 고기나
고르지 않는다

알쏭달쏭 다양한 고기, 부위별로 파헤쳐 보자!
1등급보다 더 높은 등급이 있다고?
고기 고르기의 달인이라는 당신, 드루와 드루와
쇠고기, 돼지고기에도 주민 등록 번호가?

1. 알쏭달쏭 다양한 고기, 부위별로 파헤쳐 보자!

　우리가 섭취하는 '식육'은 가축의 근육과 지방 등으로 구성되어 있다. 가축들의 부위별 운동 수준에 따라 근육과 지방의 발달 및 함량 수준이 달라지는데, 이 차이가 서로 다른 맛과 식감을 만든다.

　따라서 주로 다리나 어깨 부근의 고기는 근육이 잘 발달하여 쫀쫀하며 기름이 적고, 근육 발달이 거의 없는 몸통부의 고기는 부드러운 육질을 갖게 된다.

　이 간단한 원리를 이해했다면 고기 부위별 특성을 대충 가늠할 수 있다. 하지만 소와 돼지들의 부위별 명칭을 모두 기억하기란 쉽지 않고, 고깃집에서의 난감한 상황들은 다양한 명칭이 어느 부위를 가리키는지 모를 때 발생한다.

다음 메뉴판을 살펴보자.

고기류			고려 고기국이		
한우등심 1등급	200g	29,000	제주 오겹살	200g	13,000
양념소갈비 1대	300g	22,000	제주 가브리살	200g	13,000
차돌박이	200g	15,000	제주 생삼겹살	200g	12,000
소갈비살	200g	13,000	제주 목살	200g	12,000
한우육회	500g	28,000	모든 고기는 국내산 2인 주문 시 된장찌개, 계란찜 제공		

상황 1) 여자 친구 : 오빠가 **알아서 주문해 줘**. 근데 **오겹살**이랑 **삼겹살**이랑 뭐가 달라?

상황 2) 부장님 : 김 대리, 오늘은 **담백한 부위**로 주문 한번 넣어 봐.

알아서 주문하라는 여자 친구의 말이 무섭게 들리는가? 여자 친구의 질문에 선뜻 대답하지 못하겠는가? 부장님의 요청에 식은땀이 흐르는가? 그렇다면 당신에게 필요한 것은 지금부터 함께 알아볼 고기의 부위 이야기이다.

여자 친구뿐만 아니라 친구, 직장 동료 등 고기와 함께하는 사람들 사이에서 매력적인 굽달^{고기 굽기의 달인}이 되기 위해서는 고기 종류별 부위 및 특징 정도는 잘 알고 머릿속에 넣어둘 필요가 있다.

소와 돼지를 부위별로 나누어 놓은 그림은 정육점이나 식당에서 쉽게 찾아볼 수 있다. 하지만 자세히 눈여겨보며 머릿속에 담아 보려고 노력한 경험이 있는 사람은 드물 것이다. 이번 기회를 통해 한번 쭉 훑어보면서 내가 몰랐던 부위들을 짚고 넘어가 보는 것은 어떨까?

쇠고기에 대해 알아보자

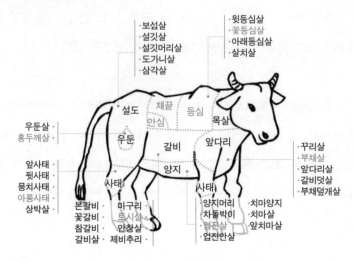

▲ 소의 부위별 명칭

위 그림에서 소의 몸 안에 구획된 명칭은 '대분할' 부위이고, 각 부위를 구성하는 세분된 이름들은 소의 몸 밖에 나열해 놓았다. 파란 글씨로 표시된 명칭들이 중점적으로 다루는 것들이니 글을 읽으면서 참고하면 기억하는 데 더욱 도움이 될 것이다.

01 스테이크 ǀ Steak 🐮

등심이냐, 안심이냐? 스테이크 집에서 우리가 주로 하는 고민이다. **등심**과 **안심**은 모두 소의 몸통에 위치하고 있기 때문에 다리나 목심과 같은 어깨 부위의 식육과 비교했을 때 근육 발달이 덜 된 편이다. 즉, 다른 부위에 비해 육질이 연하다. 또한, 등심에는 안심보다 지방이 더 많이 박혀 있어 맛이 기름지고 고소하다. 등심을 좀 더 세분해 보면 윗등심, 꽃등심, 아랫등심, 살치살로 나누어지는데, 그 중 **꽃등심**을 스테이크로 먹어 볼 것을 추천한다. 꽃등심이라는 이름은 붉은 고기에 하얀 지방, 일명 마블링Marbling*이 마치 꽃처럼 박혀 있다고 하여 붙은 것이다. 꽃등심은 등심 부위 중 육즙이 가장 진하고, 근육 단백질과 지방이 적절한 비율로 구성되어 있어 매우 고소하다. 반면 안

● 상강도霜降度라고도 한다. 살코기 속에 지방이 흩어져 있는 정도를 서리가 내리는 모양에 비유한 것이다.

심은 등심보다 더 안쪽에 위치하고 있어 가장 연한 부위라고 할 수 있다. 지방 함량은 등심보다 훨씬 낮아 담백하다. 혹 안심보다 부드러운 등심을 경험했다면 등심을 먹을 때 함께 씹히는 지방이 침 분비를 더욱 촉진했기 때문이다. 등심과 안심을 헷갈리지 않기 위해서 앞으로 이렇게 기억해 두자. "등심은 '**등**'쪽에 있는 살이니깐 등심, 안심은 등심의 '**안**'쪽에 있으니깐 안심"

스테이크 재료로 많이 사용되는 또 다른 부위는 소의 허리뼈를 감싸고 있는 **채끝**(소몰이에 사용되는 채찍의 끝 부분이 닿는 부위라고 해서 붙여진 이름)이다. 채끝 내 지방 함량은 등심에 비해 적지만, 안심보다는 지방이 고르게 분포하여 풍미가 좋다. 레스토랑에서 접할 수 있는 뉴욕 스테이크^{New York Steak}가 바로 이 채끝으로 만들어진 요리다.

▲ 먹음직스러운 티본 스테이크 T-Bone Steak. 살코기 가운데 커다란 T자 형태의 뼈가 박혀 있다.

고급 레스토랑에서나 볼 수 있는 티본 스테이크^{T-Bone Steak}는 안심과 채끝 사이에 있는 T자 모양 뼈 부위의 고기로 만든 스테이크이다. T자의 양옆으로 안심과 채끝 살이 붙어있기 때문에 하나의 스테이크에서 두 가지 부위의 맛을 느낄 수 있다. 티본스테이크 중 안심 부위가 더 큰 것을 포터 하우스 스테이크^{Porter House Steak}라고 하며, 최상급 티본스테이크로 통한다. 사실 이 스테이크에서 두 부위의 맛만 느껴진다고 하면 서운할 일이다. 왜냐하면 스테이크 뼈에 붙은 살을 뜯는 특유의 쫀득한 식감까지 더해져 실제로는 두 가지 이상의 맛을 느낄 수 있기 때문이다.

한글로 친절히 적힌 고기 구이집의 메뉴판뿐만 아니라 고급 스테이크 전문점을 갔을 때도 우리는 가끔씩 알 수 없는 단어들을 보며 현기증을 느낀다. 그 뜻을 잘 몰라 스테이크 메뉴를 대충 주문해 본 경험이 있다면 아래에 정리된 표현을 익혀 두는 것이 어떨까? 실패하지 않고 메뉴를 선택하기 위해 조금만 더 힘을 내 주요 표현들을 정확히 외워 보도록 하자.

쇠고기 주요 부위별 영어 표현

Loin [로인]= 등심+채끝+우둔살　　Tenderloin [텐더로인]=안심
Sirloin [써로인]=등심+ 채끝　　　　˚Rib eye [립아이]=꽃등심
Chuck Eye Roll [척아이롤]=목심과 등심이 2:5의 비율로 섞여있는 부위
Short Loin [숏로인] / Strip Loin [스트립로인]=채끝

• 꽃등심을 지칭하는 Ribeye는 갈비를 의미하는 'Rib'이라는 단어가 포함되어 우리나라에서는 갈비살의 한 부위로 오해하는 경우가 많다. 하지만 이는 쇠고기의 부위를 분류하는 기준에서 발생하는 차이일 뿐, 실제로는 등심의 한 일종이라는 것을 기억하자!

이번에는 쇠고기를 구워먹을 때 사용되는 특수 부위에 집중해 보려고 한다. 등심, 안심과 같은 부위와 더불어 부채살*, 아롱사태, 토시살, 업진살 등과 같이 소분할로 구분되는 특수 부위들도 많은 사람들이 구이용으로 선호하고 있다.

* 부채살은 앞다리, 아롱사태는 사태, 토시살은 갈비, 업진살은 양지에 해당하는 소분할 부위 명칭이다.

가장 먼저 **부채살**에 대해 이야기를 하려고 한다. 부채살은 소의 앞다리 윗부분에 위치하고 있으며 가운데에 가느다랗게 뻗어나간 힘줄의 모양 때문에 '낙엽살'이라고도 불린다. 육즙이 풍부해 별도의 양념 없이도 진한 향미를 가지며, 씹으면 씹을수록 담백하다. 또한 힘줄에서는 쫀득함과 동시에 고소함을 맛볼 수 있어 부채살만의 묘한 매력을 느낄 수 있다.

▲ 부채살. 가운데에서 뻗어나가는 힘줄의 모양이 나뭇잎의 잎맥처럼 보여 낙엽살이라고 불리기도 한다.

다음으로 소개할 부위는 소의 다리 윗부분인 사태의 가장 큰 근육에 위치하고 있는 **아롱사태**이다. 다리 부근에 자리 잡고 있는 부위라 잘 발달된 근육으로 구성되어 있고, 지방이 거의 없다. 근육 가닥이 많아 고기 자체는 단단하지만, 구워 먹으면 씹는 맛이 탁월하다. 구이뿐만 아니라 육회의 재료로 사용되기도 한다.

▲ 아롱사태. 고기의 결이 아롱거리는 것처럼 보인다고 하여 아롱사태라는 이름을 얻었다.

안거미라고도 불리는 **토시살**은 갈비와 내장을 연결하는 안심살 옆에 붙어 있는 것으로, 고기 중간에 긴 힘줄이 있으며 마블링이 다른 부위에 비해 상대적으로 적다는 것이 특징이다. 매우 쫄깃하면서 풍부한 육즙을 느낄 수 있고, 먹어 본 사람들은 안심과 등심 등 다른 일반적인 구이 부분에서 느낄 수 없는 맛을 경험할 수 있다고 표현한다.

마지막으로 업진살은 흔히 '우삼겹'으로 알려져 있는 부위이다. **업진살**은 소의 복부 중앙 아랫부분에 위치하고 있으며 지방과 근육들이 층을 이루고 있기 때문에 삼겹살과 마산가지로 근육과 더불어 근간지방의 맛을 느낄 수 있는 부위이다. 쇠고기 부위 중 육즙의 맛이

뛰어난 부위로 알려져 있기도 하다. 얇게 썰어 구워 먹는 우삼겹은 불에 익으면서 돌돌 말려 올라가 한입에 쏙 넣으면 쇠고기의 지방 특유의 고소함을 느낄 수 있다.

▲ 잘 구워진 우삼겹. 우삼겹은 잠시만 불에 익혀도 돌돌 말려 한입에 딱 맞는 크기가 된다.

돼지고기에 대해 알아보자

쇠고기의 경우 스테이크와 구이용을 구분하여 부위별로 설명했지만, 돼지고기는 스테이크보다는 주로 구워서 먹기 때문에 구이용 부위에 대해 이야기하고자 한다.

삼겹살은 두말할 것 없이 한국인들이 가장 많이 즐겨 먹는 돼지고기 부위이다. 돼지의 뱃살에 위치하고 있는 삼겹살이 돼지 껍데기가 벗겨진 채 유통되면 우리가 흔히 볼 수 있는 '삼겹살'이지만 일부 지역(경남, 전남, 제주도 등)에서는 돼지 껍데기를 벗기지 않고 '오겹살'이라는 이름으로 유통된다. 세 겹과 다섯 겹의 차이가 아니라 단순히 껍질 유무의 차이이니 혼동하지 않도록 하자. 삼겹살은 지방과 살코기가 차례대로 포개어져 있어 돼지기름이 풍부하며, 여기에서 나오는 고소한 맛으로 남녀노소를 불문하고 사랑받고 있다. 바싹 익혔을 때의 바삭함도 하나의 특징이다.

삼겹살에 이어 소비량이 높은 부위는 **목살**이다. 말 그대로 돼지의 목 뒷덜미에 위치하고 있는 목살은 삼겹살과 비교하여 지방 함유량이 상대적으로 적어 더 담백한 맛을 낸다. 흔히 다이어트 중인 사람들이 돼지고기가 먹고 싶을 때 삼겹살 대신 목살을 선택하는 경우가 많

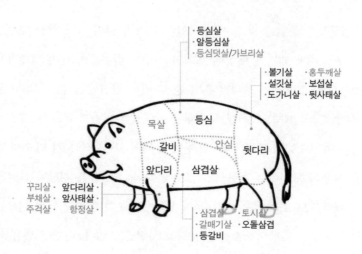

・등심살
・알등심살
・등심덧살/가브리살

・볼기살   ・홍두깨살
・설깃살   ・보섭살
・도가니살 ・뒷사태살

목살   등심

갈비   안심   뒷다리

앞다리   삼겹살

꾸리살 · 앞다리살 ·
부채살 · 앞사태살 ·
주걱살 · 항정살 ·

・삼겹살   ・토시살
・갈매기살 ・오돌삼겹
・등갈비

▲ 돼지의 부위별 명칭

은데, 실은 그리 현명한 선택이 아니다. 목살의 지방 함유량이 삼겹살에 비해 '상대적으로' 적은 것이지 절대적인 함유량은 여전히 높은 편이기 때문이다. 따라서 다이어트를 하는 사람들에게는 차라리 지방이 적고 단백질이 풍부한 '다리살'을 권한다.

근육이 잘 발달된 돼지의 다리 부위는 지방이 적고 단백질이 풍부하며 다즙성 또한 뛰어나다. 다리살은 앞다리와 뒷다리로 나눌 수 있는데, 앞다리 부위에서 구이로 적절한 것은 항정살, 뒷다리에서는 홍두깨살을 꼽을 수 있다.

항정살은 돼지의 머리와 목을 연결해 주는 목덜미 부근에 자리 잡고 있다. 멋진 마블링을 자랑하며 지방이 살코기 사이로 적절하게 섞여 있어 구이용으로 제격이다. 살코기와 지방이 섞여 있는 모습 때문에 '천겹살'이라는 이름을 가지고 있기도 하다. 쫄깃하게 씹히는 식감과 입안에서 어우러지는 기름의 맛을 좋아하는 사람이라면

▲ 항정살. 지방과 살이 포개져 층을 이루는 모습 때문에 '천겹살'로 불린다.

매우 선호하는 부위이다. 가격도 저렴하여 삼겹살과 목살을 대체할

만한 부위로 각광받고 있다.

뒷다리의 **홍두깨살**은 다리에 해당되는 부위 중 연도, 풍미, 다즙성 수준에서 소비자 만족도가 가장 높은 부위로 알려져 있다.

▲ 가브리살. 짙은 선홍색의 육색이 먹음직스러워 보인다.

가브리살은 목살과 등심을 연결하는 부위로, 이름이 천사 '가브리엘'을 연상케 하지만, 사실 이와는 아무런 관련이 없다. 가브리살이라는 이름은 '뒤집어쓰다'라는 뜻의 일본어 'かぶる[가부루]'에서 유래된 것이다. 가브리살의 위치가 목살과 등심을 연결하고 있는 부위를 살포시 덮고 있다는 것을 떠올리면 이해하기 쉽다. 이에 가브리살은 '등심덧살'이라는 또 다른 이름을 가지고 있다. 짙은 선홍색을 띄고 있어서 다른 부위보다도 먹음직스럽게 보이기도 한다. 삼겹살보다 훨씬 연하고 쫄깃한 식감을 가지면서 칼로리가 삼겹살의 3분의 1에 해당하기 때문에 돼지의 다리살과 더불어 다이어트를 하는 사람들에게도 적격인 부위이다.

마지막으로 알아볼 **갈매기살**은 돼지의 횡격막과 간 사이에 위치하고 있는 특수 부위로, 쇠고기로 치면 안창살에 해당하는 부위이다. 횡

격막을 흉강과 복강의 장기를 구분한다 하
여 간막이라고도 하는데, 이를 반영하여
'간막이살'이라고 부르던 것이 발음하기 좋
게 갈매기살이 된 것이다. 따라서 그 명칭
으로 인해 갈매기살이 어느 부위에 해당되
는지 혼동하지 않도록 하자. 비계층이 없고
불포화지방으로 이루어져 있어 모양이나

▲ 갈매기살. 쭈글쭈글한 모습이
안창살과 비슷하다.

맛이 쇠고기와 비슷하며, 육질이 부드러운 것이 특징이기도 하다.

닭고기에 대해 알아보자

소와 돼지에 이어 빠질 수 없는 식육 자원은 '닭고기'이다. 온갖 스트레스를 받으며 이 시대를 살아가는 젊은이들의 지친 마음을 달래 주는 데 맛있게 튀겨진 치킨Chicken에 맥주 한 잔만 한 것이 또 어디 있겠는가. 우리나라 국민들의 치킨 사랑은 '치느님(치킨과 하느님이 결합한 말, 치킨을 신격화할 정도로 좋아한다는 뜻)', '치렐루야(치킨과 할렐루야를 결합한 말, 치킨을 찬양하라는 뜻)'와 같은 새로운 합성어를 탄생시켰고, 많은 사람들은 이 용어를 일상생활에서 자연스럽게 사용하고 있다. 하지만 우리의 입을 즐겁게 해 주고 스트레스를 푸는 데 일조해 준 고마운 닭의 몸 구석구석을 잘 알고 있는 사람들은 드물 것이다.

닭은 소나 돼지처럼 몸집이 거대하지 않아 식육의 부위별 구분이 복잡하지 않다. 또한 치킨을 좋아하는 사람들이라면 자연스럽게 다리, 가슴, 그리고 날개살을 구분할 수 있을 것이다. 가장 일반적으로 잘 알려진 사실은 **닭가슴살**은 지방이 없고, 단백질이 매우 풍부하여 다이어트 중인 사람들에게 가장 적합한 부위라는 것이다. 닭가슴살은 통조림으로 가공, 판매되어 쉽게 구입해 먹을 수도 있다. 퍽퍽한 닭가슴살에 물린 다이어터들에게는 **닭봉**을 추천한다. 닭봉은 닭의 날개

닭목 ·

가슴살 ·

· 닭봉

· 날개

· 다리살

▲ 닭의 부위별 명칭

위쪽 어깨 부위를 부르는 말로, 우리나라에서는 따로 구분하고 있지만, 다른 나라에서는 날개에 포함되는 부위이다. 닭가슴살만큼의 단백질을 함유하고 있지는 않지만, 지방이 적고 육질이 연해 닭가슴살과는 또 다른 맛을 느끼게 해준다.

▲ 치느님의 영롱한 자태

날개살의 경우, 지방 함량이 높아 한 입 베어 물면 입술에 반들반들 기름이 묻는다. 제대로 날개살을 발라 먹을 때쯤이면 이미 훤히 **뼈**가 드러나 우리에게 아쉬움을 선사하며 눈앞에서 사라져버린다. 비록 살은 적지만, 날개뼈 주위에는 다양한 다당류^{펙틴질}가 많이 엮여 있어 육수를 만들 때 사용하면 감칠맛이 좋다. 이처럼 여러모로 '감칠맛' 나는 부위가 아닐 수 없다. 날개살은 콜라겐이 풍부한 부위로도 잘 알려져 있다. 콜라겐은 우리 몸의 다양한 부위에 함유되어 있는 물질로, 피부 탄력을 유지하는 데 도움을 주거나, 뼈마디의 관절이 원활히 움직일 수 있도록 한다. 따라서 피부를 생각한다면 앞으로는 재빨리 날개살을 차지하도록 하자.

치킨을 먹을 때, 쟁탈전이 가장 심한 부위 중 하나인 **다리살**은 지방과 단백질이 적절하게 섞여 있어 고소한 맛을 낸다. 특히 닭이 움직이면서 다리가 가장 많은 양의 운동을 하기 때문에 쫀득하고, 지방도 적당하게 섞여 있어 고소하다. 앞서 날개가 콜라겐 함량이 높다고 하였지만, 닭의 넓적다리에는 날개보다 더 많은 양의 콜라겐이 함유되어 있다는 연구 결과가 있다. 따라서 맛있는 다리살을 즐겨 먹는 사람은 탱글탱글한 피부도 덩달아 얻어 일석이조의 효과를 누릴 수 있다. 다리살이 갖는 장점이 이 정도니 과연 닭의 부위별 고기 중 가장 인기많은 부위라 불릴 만하다.

뭔가 먹을 만할 것 같다가도 막상 뜯어먹을 살이 없는 닭의 갈비, '계륵'에 버금가는 부위가 있다. 바로 **닭목**인데(말 그대로 닭의 목을 부르는 말이다), 이 특수 부위는 사람마다 호불호가 굉장히 갈린다. 닭목을 좋아하는 사람들은 기름기가 적고 닭목에 붙은 쫄깃한 살을 발라 먹는 재미가 매력이라고 한다. 하지만 닭목은 우둘투둘한 목뼈로 인해 살만 발라 먹기가 매우 힘든 부위라 치킨을 배달받고 선뜻 닭목을 먼저 집어 드는 사람은 찾기 어렵다. 아마 닭목 예찬자들은 목뼈에 붙은 살을 발라 먹다가 입안 살이 긁히거나 이가 깨지는 경험을 해 본 자가 많을 것이다. 위험을 감수해서라도 잊을 수 없는 쫄깃한 맛을 느끼고자 하는 이들이야말로 진정한 미식가일 수도 있다.

지금까지 소와 돼지, 닭고기의 주요 부위와 특징을 알아보았다. 이 글을 쓰는 내내 입안에 침이 고이는 것을 참을 수가 없었는데, 이 식욕이 독자 여러분들에게 잘 전달되었을지 궁금하다. 백문이 불여일견이라는 말이 있듯이 이 글을 백 번 읽는 것보다는 직접 다양한 부위의 고기를 시식해 보는 것이 고기를 이해하는 데 가장 효과적일 것이다. 책에서 설명하고 있는 내용들을 기반으로 부위별 고기를 즐기다 보면 어느새 맛의 차이를 음미할 줄 아는 여러분들의 모습을 발견할 것이다. 굽기의 달인, '굽달'의 경지로 도달하는 길이 머지않았다. 고기 몇 점 먹고 돌아와 못다 한 고기 이야기를 마저 이어나가 보자.

2. 1등급보다 더 높은 등급이 있다고?

일전에 지인의 소개로 한우 정육 식당 맛집을 방문한 적이 있다. '5,000원에 한우 1등급 국밥을 먹을 수 있는 곳'이라며 강력하게 추천한 곳이었다. 차를 타고 가게 앞에 도착하자 "저희 식당은 최상급의 1등급 한우만 사용합니다."라는 문구가 크게 적힌 현수막이 보였다. 가게 안으로 들어가 자리를 잡고 메뉴판을 살펴보니 과연 한우 소머리 국밥이 5,000원에 판매되고 있었다. 1등급 한우는 한 근(600g)에 단돈 3만 원. 당시 삼겹살 가격도 1인분(200g)에 8,000~9,000원이었기 때문에 같은 양을 먹는다고 생각하면 1등급 한우와 삼겹살의 가격이 거의 비슷했다. 한우라면 우리나라에서 제일 비싼 고기인데… 1등급 한우를 어떻게 이렇게 싸게 판매할 수 있었을까?

1등급 쇠고기보다 높은 등급이 있다?!

보통 1등급 쇠고기라고 하면 아주 좋은 고기라고 생각하기 쉽다. 하지만 '1등급'은 사실 전체 등급 중 '3등'에 해당하는 중간 수준의 고기다. 3등이지만 충분히 맛있기 때문에 1등급이라고 표현한 것이다.

그렇다면 쇠고기의 등급은 어떻게 매겨질까?

쇠고기 등급 종류

육질 등급	1++	1+	1	2	3	등외
육량 등급	A		B		C	등외

❶ 쇠고기의 육질 등급은 식육판매표지판에 기재되어 있다.
❶ 고기를 구입할 때는 육질 등급을 기준으로 고르자.
❶ 쇠고기의 등급은 등심, 채끝, 안심, 양지, 갈비 부위에만
　매겨 진다.

　쇠고기는 육질 등급과 육량 등급으로 평가한다. 육질 등급은 고기의 질을 5개 등급(1++, 1+, 1, 2, 3등급)으로 나눈 것으로 1++등급˙이 가장 높은 등급이다. 근육 내의 지방도^{마블링}, 고기색깔, 지방 색깔 등이 등급 분류의 기준이 되는데, 보통 '마블링'이 잘된 고기가 높은 평가를 받는다.

˙ 투 플러스 등급. 줄여서 투뿔 등급이라고도 부른다.

　주의해야 할 점은 쇠고기의 육질 등급은 등심, 채끝, 안심, 양지, 갈비 5개 부위에만 매겨진다는 것이다. 앞서 필자가 방문했던 한우 정육 식당에서는 '한우 1등급 소머리 국밥'을 팔고 있었다. 그러나 소머리 고기

에는 육질 등급을 매기지 않기 때문에 사실 1등급 소머리 국밥이라는 것은 존재하지 않는다. 우리나라 사람늘이 워낙 1등을 좋아하다 보니 1등급이라는 표현을 등급 제도에 맞지 않게 가져다 붙인 것이다.

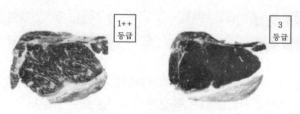

▲ 쇠고기 등급 차이: 1++ 등급과 3등급 쇠고기 *

쇠고기 등급을 볼 때 한 가지 더 주의할 것은 육량 등급은 육질과 상관이 없다는 점이다. 육량 등급은 같은 크기의 소 한 마리를 도축했을 때 얼마나 많은 고기가 나오는 지를 평가한 것이다. 고기의 양에 따라 3개 등급(A, B, C)으로 나뉘는 데, A등급이라고 해서 맛있거나 C등급이라고 해서 맛없는 고기가 아니다. 쇠고기의 등급은 육질 등급과 육량 등급을 합하여 1++A, 1+C와 같이 등급을 매기는데(등외의 고기는 모두 D등급), 소비자가 쇠고기를 구입할 때는 1++, 1+와 같은 육질 등급만 확인하면 된다.

• 출처: 축산물품질평가원

맛있는 삼겹살은 몇 등급일까?

돼지고기에도 쇠고기처럼 등급이 있다! 이 말이 조금 생소한 독자들도 있을 것 같다. 우리나라에서는 쇠고기와 달리 돼지고기를 살 때는 등급을 잘 따지지 않기 때문이다. 돼지고기 등급은 어떻게 나눌까?

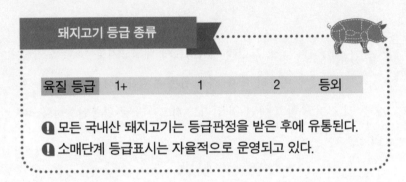

돼지고기 등급 종류

육질 등급	1+	1	2	등외

❗ 모든 국내산 돼지고기는 등급판정을 받은 후에 유통된다.
❗ 소매단계 등급표시는 자율적으로 운영되고 있다.

예전에는 돼지고기 등급을 육질 등급과 규격 등급(도체중과 등 지방 두께 및 외관을 종합적으로 고려한 등급)을 합하여 총 7개 등급 (1+A, 1A, 1B, 2A, 2B, 2C, 등외 등급)으로 나누었지만, 최근에는 소비자가 품질 수준을 알기 쉽도록 등급을 간소화했다(2013년 7월부터 시행). 도체 중량과 등 지방 두께에 따라 1차로 등급을 판정한 후 돼지 도체의 외관과 육질, 결함 평가 결과를 종합하여 최종 4개 등급(1+, 1, 2, 등외 등급)으로 구분하고 있다. 보통 삼겹살이 두껍고 육색이 선홍색에 지방이 희고 단단한 고기가 높은 등급을 받는다.

▲ 돼지고기 삼겹살의 등급 차이: 1+등급과 2등급 삼겹살*

● 출처: 축산물품질평
가원

자, 그런데 정육점에서 돼지고기를 살 때를 잠시 떠올려 보자. 식육 판매 표지판에서 돼지고기 등급을 본 것 같기도 하고 아닌 것 같기도 하고… 조금 알쏭달쏭하다. 왜 그럴까?

우리나라에서 모든 국내산 돼지고기는 등급 판정을 받은 후에 유통되고 있다. 그러나 소비자가 정육점에서 돼지고기의 등급을 많이 보지 못했던 이유는 바로 소매 단계의 돼지고기 등급 표시가 자율적으로 운영되고 있기 때문이다. 등급 표시가 의무 사항이 아니니 가게마다 표시가 제각각이다. 하지만 돼지고기 등급은 도체에 도장으로 표시되어 있기 때문에 돼지고기의 등급이 궁금하다면 정육점 사장님에게 물어보자.

1+등급 치느님이 되기까지

닭고기도 쇠고기나 돼지고기와 마찬가지로 등급이 있다.

돼지고기의 경우 종합적으로 등급을 판정하는 반면 닭고기의 등급
은 크게 품질 등급과 중량 규격으로 나뉜다. 품질 등급에는 닭고기의
외관이나 비육 상태, 신선도 등에 따라 총 3개 등급(1+, 1, 2등급)이 있
다. 한 가지 주의할 점은 통닭의 경우 3개 등급을 모두 사용하여 품질
을 구분하는 반면, 닭다리나 닭봉 같은 부분육은 1, 2등급으로만 구분
되어 있다는 사실이다.

중량 규격은 닭고기의 무게에 따라 등급을 5개(특대, 대, 중, 중소, 소)
로 나눈 것이다. 보통 삼계탕에는 500g 정도의 '소' 등급 닭고기를 많이
사용하고, 닭볶음탕에는 그보다 큰 '중' 등급 이상'
의 닭을 많이 쓴다. 소비자가 구입할 때는 품질 등급   • 닭볶음탕에는 중량
                                                    1,000g 이상의 닭고기
을 기준으로 닭을 고르고, 조리 용도에 따라 필요한   를 많이 사용한다.
크기의 닭고기를 구입하면 되겠다.

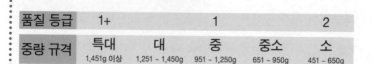

닭고기 등급 종류

품질 등급	1+		1		2
중량 규격	특대 1,451g 이상	대 1,251 ~ 1,450g	중 951 ~ 1,250g	중소 651 ~ 950g	소 451 ~ 650g

❶ 닭고기의 품질 등급은 포장용기 겉면에 스티커로 부착되어 있다.

❶ 닭고기 등급판정신청은 자율제로 운용되고 있어 판정을 받지 않은 제품도 있다.

❶ 닭다리, 닭봉과 같은 부분육에는 1+등급 없이 1, 2등급만 있다.

▲ 닭고기의 품질 등급. 포장 용기 겉면에 스티커가 부착되어 있다.*

• 출처: 축산물품질평가원

최상급의 등급이 제일 좋은 고기일까?

우리나라 사람들은 1등을 참 좋아한다. 그러다 보니 축산물 등급제에서도 가장 좋은 등급은 1++이나 1+로 1등급에 +가 더 붙는다. 1등급보다도 더 좋다는 뜻이다. 그런데 이렇게 +가 붙는 등급의 고기들이 제일 좋은 고기인 걸까? 축산물 등급제에서 품질 등급은 근육 내의 지방도가 가장 큰 영향을 미친다. 1++등급과 3등급 쇠고기의 마블링을 보면 그 차이를 눈으로 바로 확인할 수 있다. 높은 등급일수록 지방이 많으니 맛은 좋지만, 이를 무조건 좋은 고기라고 할 수는 없다.

일전에 한 다큐 프로그램에서 우리나라의 1++등급 쇠고기와 미국 최고 등급인 프라임 등급 쇠고기를 비교한 적이 있었다. 미국의 프라임 등급에는 우리나라의 1등급 이상(1++, 1+, 1등급) 고기들이 해당됐다. 지방 함량을 비교하면 프라임 등급의 지방 함량은 10%에 불과한 반면 1++등급은 20%였다. 우리나라에서는 지방 함량에 따라 고기를 수직적으로 평가하다 보니 '최상급 쇠고기 = 지방이 많은 고기'라는 공식이 성립된 것이다.

등급이 높은 고기라고 해서 무조건 좋은 고기는 아니다. 축산물 등급제는 소비자에게 좋은 판단 지표가 되지만, 높은 등급의 고기만

선호하는 것이 현명한 소비는 아닐 것이다. 축산물을 선택할 때 등급을 참고하되 고기의 맛뿐 아니라 건강을 고려하는 현명한 소비자가 되어 보자.

3. 고기 고르기의 달인이라는 당신, 드루와 드루와

시끌시끌한 정육 식당 안, '아휴~ 내가 고기 고르는 데는 귀신이지', '나야말로 고기 고르는 데 일가견이 있지, 이 고기가 좋은 고기네!', '이 대리, 어디 한번 좋은 고기로 골라와 보지.', '예, 부장님! 제가 매의 눈으로 한번 골라 보겠습니다!!'

고기 고르기의 달인이라고 말하는 사람이 많다. 같은 등급의 고기라도 어떤 고기를 고르느냐에 따라 맛이 천차만별이다. 하지만 막상 마트나 음식점에서 이것저것 꼼꼼하게 따져서 구매하려고 하면 만져볼 수도 없고, 포장되어 있어 냄새를 맡기도 힘들다.

자, 지금부터 눈으로 샥샥, 좋은 고기를 골라 보자. 앞에서 고기 등급제를 유심히 읽은 독자는 어느 정도 답을 알고 있을 것이다. 더 쉽게 좋은 고기를 고르기 위해 사진으로 좋은 고기와 나쁜 고기를 비교하였으니 눈으로 익혀둔다면 분명 좋은 고기를 고르는 데 도움이 될 것이다.

쇠고기의 경우에는 다음과 같이 지방의 분포, 고기의 색, 지방의 색, 이렇게 세 가지만 알면 좋은 고기를 고를 수 있다.

첫째, 쇠고기 내 지방의 분포를 확인하자!

'마블링이 좋다'라는 것은 고기 안에 지방이 고르게 분포하고 있다는 것을 의미하며, 이런 고기는 맛이 좋고 부드럽다. 아래 왼쪽 사진처럼 지방이 고르고 섬세하게 분포되어 있는 고기를 고르자.

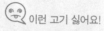

이 고기 좋아요!   이런 고기 싫어요!

둘째, 쇠고기의 색을 확인하자!

소의 나이가 많거나 운동량이 많은 부위일 수록 아래 오른쪽 사진
처럼 고기의 색이 짙어지는데 이런 경우 고기가 질기거나 맛이 없
다. 왼쪽 사진처럼 색이 선홍색이면서 윤기가 나는 쇠고기가 좋다.

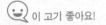 이 고기 좋아요!    이런 고기 싫어요!

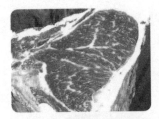 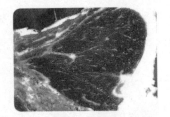

셋째, 쇠고기의 지방 색을 확인하자!

쇠고기의 지방색은 하얀 우유와 같은 유백색에 윤기가 나는 것이
좋다. 오른쪽 사진과 같이 지방의 색이 노랗고 얼룩덜룩하며, 지방
의 결도 푸석하게 느껴 진다면 이런 고기는 피하자.

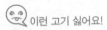 이 고기 좋아요!   이런 고기 싫어요!

▲ 좋은 쇠고기 고르는 방법

● 출처: 축산물품질평가원

그럼 돼지고기는 어떨까? 쇠고기는 부드러운 정도^{연도}를 중요하게 생각하는 반면, 돼지고기는 부위에 상관없이 굉장히 연하기 때문에 고르는 방법이 쇠고기만큼 까다롭지 않다. 사실 돼지고기는 한 가지만 피하면 된다. 바로 '물돼지'이다.* 물돼지는 육즙이 심하게 빠져나온 고기로, 색이 창백하고 조직에 탄력이 없어 물렁물렁하다. 푸석푸석한 맛이 나고 기호도가 심하게 떨어지기 때문에 고기 업자들도 '이상육'으로 분류한다. 아래 물돼지의 사진을 기억하고 있다가 이 고기를 보게 되면 손에서 내려놓길 바란다.

● 물돼지 고기는 PSE
Pale, Soft, Exudative라고도
부른다.

돼지고기의 외관으로 이상육^{물돼지고기}을 구별하자!

물돼지고기는 맛과 품질이 매우 떨어진다(아래 오른쪽 사진). 왼쪽 사진처럼 색이 선홍색이며 지방이 희고 단단한 돼지고기가 좋다.

😊 이 고기 좋아요!　　　　　😖 이런 고기 싫어요!

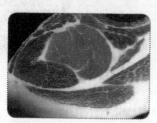 

▲ 좋은 돼지고기 고르는 방법*

● 출처: 축산물품질평가원

쇠고기, 돼지고기와 마찬가지로 닭고기도 외관, 고기 색, 지방색을 유심히 보면 신선한 고기를 쉽게 고를 수 있다. 책에서 소개한 내용을 익혀 실전에서 항상 최고의 고기를 골라 보자.

좋은 닭고기를 고르는 방법!

손질되어 있는 닭고기를 살 때에는 목, 내장 등이 잘 제거되어 있는지 확인해야 한다. 닭고기의 색은 엷은 선홍색을 띄며 광택과 탄력있는 것이 좋다. 껍질은 희고 윤기있으며 털구멍이 울퉁불퉁하게 튀어나와 있는 것이 좋다. 반면 껍질이 주름 잡혀 있고 육색이 창백하거나 암적색이면 사지 말아야 한다. 또한 포장지 안에 육즙이 많이 흘러나오면 과감히 놓아라.

이 고기 좋아요!   이런 고기 싫어요!

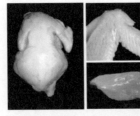 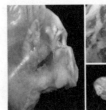

▲ 좋은 닭고기 고르는 방법

4. 쇠고기, 돼지고기에도 주민 등록 번호가?

'주민 등록 번호를 입력해 주세요.' 은행이나 관공서에서는 우리의 정보와 이력을 조회하기 위해 개인이 가지고 있는 고유의 주민 등록 번호를 사용한다. 그러면 우리가 먹는 고기는 어떨까? 설마 고기에게도 개체를 구분하는 등록 번호가 있을까? 놀랍게도 쇠고기, 돼지고기에도 주민 등록 번호뿐만 아니라 이력서도 있다.

'개체식별번호'가 소, 돼지 한 마리마다 가지고 있는 고기의 주민 등록 번호이고, 이를 운영하는 시스템이 '쇠고기 이력제', '돼지고기 이력제'이다. 우리의 주민 등록 번호와 다른 점은 고기의 개체식별번호와 이력서는 누구나 볼 수 있는 공공재라는 것이다. 개체식별번호는 포장된 고기의 라벨에서 쉽게 볼 수 있고, 홈페이지나 휴대폰 어플에 이를 입력하면 상세한 이력서를 볼 수 있다. 이 이력서에서는 다음 그림과 같이 개체 정보(출생 연월일, 소의 종류, 성별), 신고 정보(소유주, 사육지 등), 도축 및 포장 처리 정보(도축장, 도축 일자, 도축 검사 결과, 육질 등급, 포장 처리장 등)뿐만 아니라 구제역 백신 접종 및 브루셀라병 검사 정보와 같은 다양한 정보를 직접 확인할 수 있다.

▲ 쇠고기 이력 시스템을 이용하여 조회한 쇠고기의 이력서

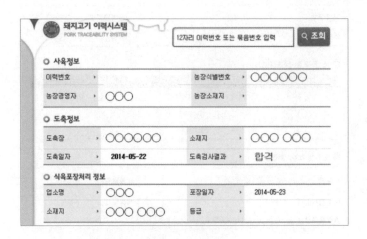

▲ 돼지고기 이력 시스템을 이용하여 조회한 돼지고기의 이력서

　이력추적시스템은 내가 구입하려고 하는 고기의 등급이나 생산지가 궁금할 때 언제든지 이용할 수 있다. 특히 고기에 의한 위생·안전 사고가 발생했을 때 그 진가를 발휘한다. 사육 단계에서부터 도축, 가공, 포장까지 전 단계가 기록되어 있으니, 이를 추적해 나가면 문제가 발생한 지점을 찾을 수 있고, 사고에 대한 신속한 대응도 가능하다.

1. 고기의 진짜 등급이 궁금할 때

투플러스의 고기를 사서 먹었는데, 뭔가 맛이… 투플러스 같지가 않다. 이력제를 통해 내가 구입한 고기의 등급을 알 수 있다.

2. 안전한 고기인지 궁금할 때

뉴스에서 충청도 어느 지역에 구제역이 의심 된다고 한다. 내가 구입한 돼지고기는 어디서 생산된 걸까? 내가 산 돼지고기의 사육지는 물론 도축장, 포장처리장까지 알 수 있다.

3. 위생·안전에 대한 문제가 생겼을 때

쇠고기, 돼지고기에 의해 식중독이 발생했을 때, 고기의 가공장, 도축장, 사육지, 원산지를 추적조사 할 수 있어 사고에 신속히 대처할 수 있다.

▲ 이력제, 언제 활용할 수 있을까?

그럼 쇠고기, 돼지고기의 이력서를 살펴볼 수 있는 방법을 알아보자. 컴퓨터가 있을 때는 홈페이지에서, 휴대폰이 있을 때는 어플을 이용하여 손쉽게 확인할 수 있다. 아래 그림을 보고 한번 따라 해 보자. 생각보다 쉽게 고기에 대한 많은 정보를 얻을 수 있다. 이제 개체식별 번호만 알고 있으면 가족들, 친구들 앞에서 자신 있게 이야기할 수 있다. '나는 지금 네가 먹는 고기에 대해 낱낱이 알고 있다!'

먼저, 개체식별번호 혹은 바코드를 확인한다.
**개체식별번호(12자리의 번호)와 바코드는 제품의 포장 라벨에 적혀
있다.**

컴퓨터가 있을 때! 홈페이지에서 확인하는 방법

1 쇠고기: http://cattle.mtrace.go.kr
  돼지고기: http://pig.mtrace.go.kr
  포털에서 '쇠고기 이력제', '돼지고기 이력제' 검색

2 개체식별번호 입력 후 조회
3 이력정보 확인

▲ 컴퓨터로 고기의 이력서를 확인하는 방법

❶ 안드로이드: Play 스토어에서 '축산물 이력제' 어플 설치
   아이폰: 앱스토어에서 '안심장보기쇠고기 이력제', '돼지고기 이력제' 어플 설치

❷ 개체식별번호 입력 후 조회(바코드, 문자인식도 가능)

❸ 이력정보 확인

휴대폰이 있을 때! 두 번째, 인터넷으로 조회 (쇠고기만 가능)

❶ 휴대폰에 6626 입력+인터넷 연결 ❷ 개체식별번호 입력 ❸ 이력정보 확인

▲ 핸드폰으로 고기의 이력서를 확인하는 방법*

● 출처: 축산물품질평가원

PART 2

아는 만큼 맛있어지는
고기의 세계

1. 고기 굽기의 달인, 굽달이 되는 방법

고깃집에서 집게를 잡은 '굽사^{굽는 사람}'는 여러 가지 유형으로 나눌
수 있다. 굽는 것을 부담스러워 하는 유형이 있는 반면 본인이 굽달^{굽기}
^{의 달인}이라며 잘난 척하는 유형이 있고, 말 한마디 없이 온 신경을 집중
하는 장인 유형도 있다. 이들의 공통점은 고기를 굽는 방법에 따라 맛
이 달라진다는 것을 알고 있다는 것이다. 이처럼 고기를 어떻게 하면
잘 구울 수 있느냐는 것은 남녀노소 누구나 관심을 가지는 주제이다.

물론 변하지 않는 분명한 진실은 '좋은 고기가 더 맛있다'는 것이다.
그러나 같은 고기도 최대한 맛있게 구울 수 있는 방법이 분명 존재한
다. 고기가 그 가치를 다하게 하려면 어떻게 굽는 것이 좋을까?

육즙을 떠나보내지 말자

구운 고기의 질감은 고기를 입에 넣어 씹었을 때의 연도[●]와 고기 속
에 있는 수분의 촉촉함이 어우러져 만들어지는 느낌이
다. 그러나 익히기 위해서 열을 가하면 연도가 떨어지 ● 연한 정도
고 수분마저 빠져나가 질겨진다. 어쩌면 열을 가한다는 것은 질감을

더 안 좋게 만드는 것이나 마찬가지이니, 어떻게 하면 이러한 변화를 최소화할지 고민해야 한다.

고기를 구우면 질겨지는 것은 열에 의한 단백질 수축과 수분 증발 때문이다. 단백질이 수축되면 고기가 질겨지는 동시에 수분이 머물 공간이 부족해져 육즙이 고기 표면으로 빠져나오게 된다. 이 육즙은 나오는 족족 증발하기 때문에 퍽퍽한 질감을 만든다. 또한 육즙이 빠져나갈 때 고기의 맛을 담당하는 수용성 단백질들이 육즙에 녹아 흘러나가 풍미가 떨어진다. 육즙에는 향미의 엑기스가 녹아 있어 맛에 중요한 영향을 미친다. 즉, 질감과 맛 두 마리 토끼를 잡기 위해서는 육즙을 많이 떠나보내지 않도록 굽는 것이 중요하다.

고기 굽기 비법의 '진실 혹은 거짓'

필자의 지인 중 자칭 굽달이 고기 굽는 비법을 보여 주었는데, 제대로 알고 있는 것도 있지만 잘못 알고 있는 점이 있어 조언해 준 적이 있다.

고깃집에 온 자칭 굽달이 오늘은 본인이 고기를 구워 보겠다며 집게를 잡아 들었다. 불판에 불을 켜는 것부터 직접 한다고 난리다. 예사롭지 않은 표정에서는 비장함까지도 느껴졌다. 주문한 고기가 나왔지만 구울 생각은 안 하고, 그 대신 굽기에 대한 일장연설이 시작됐다.

"불판이 달궈질 때까지 기다렸다가 고기를 올려야 제대로 구울 수 있다고. 자, 이렇게 불판 위로 열기가 올라온다~ 하면 이때 딱 구우면 되는 거지!"···(1)

고기를 올려놓는 동시에 잘 달궈진 불판에서 '치익-' 하는 좋은 소리가 났다.

"고기는 한 번만 뒤집어야 해. 여러 번 뒤집으면 육즙이 다 흘러내려 빠져버리거든."···(2)

그러고는 고기의 윗면(불판에 닿아 있는 면의 반대편)을 가리키며 말했다.

"이쪽에서 육즙이 방울방울 맺히기 시작하면 그때 뒤집으면 돼."··(3)

고기를 뒤집자 불판에 닿아있던 면이 노릇노릇하게 잘 익어 있는 것을 볼 수 있었다.

"처음에 센 불에 표면을 잘 익혀서 막을 만들면 육즙을 그 안에 가둘 수 있어. 한 번 이렇게 막을 만들어 두면 그다음부터는 여러 번 뒤집어도 육즙이 빠지지 않지."·································(4)

어느덧 고기가 맛있게 잘 익었다. 잘 구워 주어 고맙다는 인사를 건네고 맛있게 식사를 하면서 조금 잘못 알고 있는 지식에 대해서 이야기해 주었다.

(1)과 (3)은 맞지만, (2)와 (4)는 잘못된 지식이다.

(1) **불판이 달궈질 때까지 기다렸다가 고기를 올려라.** 불판을 충분히 달궈서 센 불에 익히면 빨리 구울 수 있어 고기가 열에 노출되는 시간을 최소화할 수 있다. 굽는 시간이 길어짐에 따라 육즙을 잃어 고기가 퍽퍽해지는 것을 방지하기 위함이다. 불판이 달궈져 열기가 올라오는 것을 확인하고, 고기를 올렸을 때 '치익-' 소리가 나도록 해야 한다.

(2) **고기를 꼭 한 번만 뒤집을 필요는 없다.** 의외로 많은 사람들이 고기를 구울 때 뒤집는 횟수에 대해 매우 민감해한다. 대체 몇 번 뒤집는 것이 고기 맛을 가장 좋게 할 수 있을까? 육즙이 덜 빠져나가게 하는 것이 그 목적이라 한다면, 횟수는 크게 중요하지 않다고 말하고 싶다. 물론 표면에 맺혀 있던 육즙이 고기를 뒤집는 과정에서 떨어질 수는 있지만, 내부에 있는 육즙에 비하면 매우 적은 양이라 몇 번 뒤집든 간에 육즙이 빠져나가는 총량은 비슷하다. 오히려 몇 번 뒤집느냐보다는 언제 뒤집느냐가 중요한데, 특히 처음 뒤집을 때는 불판에 닿는 고기 표면이 충분히 노릇하게 익을 수 있을 때까지는 기다리는 것이 좋다. 고기 표면의 노릇하게 잘 익은 갈색 부분을 크러스트라고 부르며, 이는 고기가 열을 받을 때 단백질과 당류가 갈색으로 변하는 마이얄 반응과 카라멜화 반응이 일어난 결과이다.

이 변화는 바삭한 부분을 만드는 것뿐만 아니라 새로운 향미 성분들을 만들어내서 고기의 맛을 최대로 끌어올려 준다.

고기를 센불에 구울 때 마이얄 반응과 카라멜화 반응에 의해 표면에 검은색 또는 갈색의 크러스트가 생긴다.

버섯 등 야채가 갈색으로 변하는 것도 마이얄 반응과 카라멜화 반응의 결과이다.

▲ 고기를 구울 때 겉이 갈색으로 바삭하게 되는 것은 마이얄 반응과 카라멜화 반응의 결과이다.

(3) **불판에 닿아 있지 않은 위쪽 면에서 육즙이 방울방울 맺히기 시작하면 뒤집어라.** 앞서 소개한 방법대로 불판 아래 닿아 있는 면을 노릇하게 익히기 위해서는 그 반대 면을 보면 된다. 고기가 열을 충분히 받으면 위쪽 면에서 육즙이 눈에 보이게 나오기 시작한다. 그때 뒤집어서 반대편을 익히면 된다.

(4) **센 불에 표면을 잘 익혀도 육즙을 가두는 막을 만들 수는 없다.**

'육즙을 가둔다'는 개념은 스테이크 조리법에서 시어링이라는 이름으로 처음 등장했다. 시어링이란 고기의 표면을 센 불로 지지는 방법으로, 굳어진 표면이 막의 역할을 해서 육즙을 내부에 가둘 수 있다는 발상에서 나온 요리법이다. 그러나 시어링 여부에 따른 육즙 손실량 비교 실험 결과, 표면이 굳어졌다고 해서 육즙을 가둘 수는 없다는 것이 밝혀졌다. 물론 약한 불에서 오래 굽게 되면 고기가 푸석하고 맛이 없어지지만, 이것 역시 표면에 막이 생기지 않아서가 아니라 천천히 굽는 동안 육즙이 증발하는 것이 그 이유이다.

쇠고기는 센 불에 빠르게 구워야 한다

누구나 돼지고기를 구울 때보다 쇠고기를 구울 때 더 긴장하기 마련이다. 값도 상대적으로 더 비싸거니와 굽는 정도에 따라 맛의 차이가 크기 때문이다. 쇠고기는 앞서 소개한 대로 센 불에서 빠르게 구워야 단백질 수축으로 인한 수분 손실을 최소화할 수 있다. 부위별로 다르겠지만, 일반적인 구이용 고기의 경우 소가 돼지에 비해 단백질의 열변성이 더 심하게 일어난다고 알려져 있다. 특히 쇠고기는 한 번만 뒤집으라고 하는 경우가 많은데, 그것 역시 굽는 시간을 최소화하기 위해 가능한 한 적은 횟수로 뒤집도록 하는 것이다.

돼지고기는 적절한 지방과 함께 굽자

대부분 사람들이 돼지고기는 완전히 익혀 먹으려 하기 때문에 충분히 익을 수 있는 정도의 시간 소요는 불가피하다. 다행히 돼지고기의 경우 쇠고기에 비해 단백질 수축에 의한 육즙 손실이 적어 조금 더 시간적 여유를 두고 구워도 된다. 우리가 보통 강한 불에 돼지고기를 굽는 것은 표면에 생기는 크리스피와 '구운 맛'을 내기 위해서이다. 질감이나 육즙의 측면에서 볼 때, 센 불에 강하게 굽는 것과 중불에서 조금 시간이 더 걸리게 굽는 것에는 큰 차이가 없다. 하지만 몇 번 강조했다시피 굽는 시간이 너무 길어지게 되면 그만큼 육즙이 계속 날아가기 때문에 약불로 오래 굽는 것은 추천하지 않는다.

따라서 필자는 돼지고기를 맛있게 굽는 비법을 말할 때 불을 어떻게 사용하라는 이야기 대신 지방을 잘 활용하라고 말한다. 요즘은 다이어트를 이유로 돼지고기의 지방을 잘라버리고 굽는 경우가 많다. 그러나 적당량의 지방은 신체를 건강하게 할 수 있는 주요한 영양소인데다가, 고기의 맛을 최대로 끌어올려 주는 요소라고 할 수 있다. 더욱이 돼지고기는 쇠고기처럼 살 사이사이에 지방이 많이 섞여 있기보다는 대부분 살과 따로 분리되어 있기 때문에 지방을 너무 많이 떼어내고 구워서 먹게 되면 고기의 맛을 제대로 즐길 수가 없다. 또한 뜨겁게 달군 불판에 돼지기름을 발라 두면 고기가 눌어붙지 않는데, 특히 지방이 적은 목살은 불판에 기름을 충분히 바른 뒤 구우면 좋다.

경험을 통한 감각을 기르자

그러나 이론에 아무리 강해 봐야 실전에 활용되지 않는다면 소용이 없다. 결국 경험하는 것이 가장 중요하다. 직접 구워 보면서 고기가 어떻게 변하는지 또 맛은 어떠한지 느껴 보면서 굽는 감각을 익혀 보자.

물론 먹는 사람마다 각자 취향이 있기 때문에 무조건 이 방법을 따르라 할 수는 없다. 그렇지만 어떻게 고기를 구워야 하는지, 또 그 이유는 무엇인지 잘 알고 있으면 좋겠다. 이 지식들을 바탕으로 실전에 적용해 본 후 끝없는 연습을 통해 굽달이 된다면, 앞으로 모든 사람들은 당신이 고기 집게를 잡기를 간절히 바라게 될 것이다.

Tip

고기 굽기 달인 되기, 이것만 알아도 충분하다!

1. 육즙을 떠나보내지 말자.

2. 바싹 익은 고기 표면이 육즙을 가두는 막이 될 수는 없다.

3. 쇠고기는 센 불에 빠르게 굽자.

4. 돼지고기는 적절한 지방과 함께 굽자.

5. 경험을 통한 감각을 기르자.

2. 최고로 맛있는 육회의 비결

필자는 육회를 먹어도 탈이 없는지, 또 안전하게 잘 골라 먹을 수
있는 방법이 무엇인지에 대한 질문을 가끔 받는다. 그 대답을 하기 전,
항상 이 이야기를 먼저 들려준다.

신선한 육회를 판다는 맛집을 지인에게 추천받고 언제 한번 가 볼까
기회만 노리고 있던 차였다. 토요일 저녁, 시간이 마침 알맞아 평소
맛있는 것 한번 대접하겠노라 말해 왔던 친구를 데리고 당당히 그
맛집을 찾았다.

"이모, 소문 듣고 왔습니다."라며 너스레를 떨고,
"육회 한 접시 부탁드립니다!"하고 기대에 차 주문을 했건만!

돌아오는 것은 사장님의 안타까운 표정과 당황스러운 대답뿐이었
다.

"주말엔 도축장이 쉬어서 재료가 없어요. 우린 월수금에만 파니까 그
날 와야 해."

당일 도축한 신선한 고기만 받아서 팔아야 하기 때문이란다. 친구도 나도 어떻게 해야 할지 모르겠는 멍찐 얼굴로 서로를 바라보다가 아쉬운 대로 해장국 두 그릇 시켜서 먹고 허탈하게 집으로 돌아왔다.

그날 이후부터 그 맛집은 '고기 들어오는 날'인 월, 수, 금 시간을 꼭 맞춰 찾아가고, 전화해서 신선한 것들로 들어왔는지 미리 확인하게 되었다. 이처럼 육회의 맛과 품질은 신선도가 가장 중요하다. 그렇다면 신선도를 유지하기 위해 육회용 고기는 어떻게 생산되고 있을까? 또 육회를 안전하고 맛있게 먹을 수 있는 방법은 무엇일까?

당일 도축한 고기를 파는 것은 불법이다?

사실 국내 법적 절차상으로 당일 도축한 고기를 먹는 것은 매우 어려운 일이다. 국내산 쇠고기는 도축 후 등급 판정이 끝나야만 반출할 수 있어 하루 정도 저온에서 저장하는 예냉 과정[1]을 필수적으로 거쳐야만 하는 탓에 당일 도축한 고기는 시중에 나올 수가 없다. 시중에 처음으로 나오는 시점인 경매장에 있는 고기는 벌써 도축 후 하루가 지난 고기인 것이다. 특히 금요일에 도축하는 경우 주말을 쉬고 월요일에 등급 판정을 하기 때문에 월요일에 경매장에 나온 고기는 2~3일 정도 저장되었던 고기이다. 익혀 먹는 고기의 경우 오히려 3일 이상은 숙성시켜야 맛이 좋아지고 잘 조리해서 먹으면 세균 문제도 없기 때문에 상관이 없지만, 날로 먹는 육회는 도축 후 시간이 지날수록 문제가 된다. 그렇다면 필자가 갔던 육회 맛집에서는 어떻게 당일 도축한 육회를 팔 수 있는 걸까?

육회의 신선도를 위 한 특별법이 있다

사실 당일 도축한 육회를 파는 것은 불법이 아니다. 오히려 가장 맛있는 육회를 제공해 주려는 노력에 박수를 보내야 한다. 그 이유는 육회로 쓰일 부위의 경우 사전 신청을 하는 경우에 한해 예외적으로 도축 후 바로 떼어가 판매하는 것이 가능

▲ 육회. 배를 곁들여 먹거나 달걀 노른자를 얹어서 먹기도 하는 한국의 별미이다.

하기 때문이다'. 이렇게까지 하는 이유는 역시 '맛' 때문이다. 당연한 말이지만, 가장 신선한 고기란 갓 도축한 고기라고 할 수 있겠다. 일화에서 소개한 맛집의 비법처럼, 당일 도축한 고기는 신선한 맛과 연한 육질을 자랑한다. 또한 유통 체계가 복잡해 여러 사람의 손을 거칠수록, 또 보관 장소가 다양하고 기간이 길수록 육회가 세균에 오염되거나 질이 떨어질 가능성이 크므로 당일 도축 육회는 안전성 측면에서도 가치가 있다.

● 심부 온도가 5℃ 이하로 떨어졌을 때 등급 판정 실시
● 축산물 등급 거래 규정 제4조 참조

육회의 세균을 조심하라

육회는 익혀 먹지 않는 생식이기 때문에 식중독균의 위험이 있을 수 있다. 2011년 일본의 한 육회 체인점에서 발생한 병원성 대장균 식중독 사고로 100명이 넘는 환자와 4명의 사망자가 발생했다. 육회용 대신 질 낮은 구이용 고기를 사용했다는 점, 장기 보관 및 관리 소홀에 의한 세균 번식 등이 원인으로 지목되었다.

고기가 식중독균에 오염되었는지의 여부는 눈, 코 등을 이용한 감각으로 구분이 어렵기 때문에, 이미 오염된 고기를 피해서 소비자가 구입한다는 것은 어려운 일이다. 다만 오래 저장하여 신선도가 떨어지는 육회일수록 그 질감이 더욱 흐물흐물하다는 것을 염두에 두고 고기의 질을 의심해 볼 수는 있다. 또한 고기 원료 및 시설을 철저히 관리하는 믿을 수 있는 가게를 잘 골라서 가도록 하고, 너무 싼 가격의 육회는 피하는 것이 최선의 방법이다.

육회의 기생충은 걱정하지 않아도 된다

육회 섭취가 위험하다고 생각하는 사람들은 세균보다도 오히려 기생충을 걱정하는 경우가 많다. 그러나 다행히도° 국내 축산물은 사육 과정에서 기생충과 접촉할 기회가 거의 없고, 사육부터 출하까지 기생충 관리 또한 철저히 이루어지

• Part 3-4. '아직도 고기에 기생충이 있나요?' 참조

고 있기 때문에 걱정할 필요가 없다. 더욱이 쇠고기와 관련 있다고 알려진 기생충인 무구조충^{민촌충}은 인체에 악영향을 끼치지 않는 데다가, 지방이 적은 부위에는 거의 없는 것으로 알려져 있다. 보통 육회는 지방이 적은 꾸리살, 우둔살, 설깃살, 채끝, 홍두깨살 등을 사용하므로 기생충이 거의 없다고 할 수 있다.

Tip

육회 맛있고 안전하게 먹기, 이것만 알아도 충분하다!

1. 육회는 신선도가 생명!
   당일 도축한 고기의 육회는 최고의 맛을 자랑한다.

2. 육회의 병원성 세균 오염을 조심하라.

3. 육회의 기생충은 걱정하지 않아도 된다.

3. 특별하게 먹기 ①
캠핑에서 바비큐로 인기쟁이 되기 🌾

바비큐에 대해 알아볼까?

'바비큐Barbecue'는 식육 문화에서 빠질 수 없는 중요한 굽기 방법 중 하나이다. 바비큐는 덩어리 고기에 소금간이나 간단한 양념만을 하여 직화로 구워 먹던 가난한 계층의 문화에서 유래한 것이다.

즉, 바비큐는 그리 어려운 것이 아니니 잘 알기만 하면 누구나 쉽게 즐길 수 있다.

우리나라에서는 최근 캠핑 문화가 급속도로 퍼지면서 바비큐에 대한 관심이 덩달아 높아져 바비큐 용품 소비가 늘고, 친목 자리에서 바비큐를 해 먹는 사람들이 증가하고 있다. 가까운 사람들과의 친목, 더불어 연인과의 데이트 때 캠핑에서 바비큐를 잘 다룰 줄만 안다면 마초적인 매력을 뽐낼 수 있는 기회의 장이 된다. 하지만 고기를 제대로 구울 줄 모른다면? 제대로 준비해 가지 못한 탓에 분위기를 다 망친다면? 애써 일어나지 않은 일을 걱정할 필요는 없지만, 유비무환有備無患이

라는 사자성어가 있듯이 우리에게는 미리 알고 준비할 수 있는 기회
가 있다.

이제 시작해 볼까?

훌륭한 바비큐 시간을 보내기 위해 여러분들이 준비해야 할 것들을
다음 체크 리스트로 정리해 보았다. 고기 굽기에서 가장 기본적으로
필요한 것들이니 꼭 확인하면서 준비하도록 하자.

바비큐, 시작 전 체크 ✔️ 해보세요!

☐ 구워먹을 고기 ✗ 중요해요

☐ 고기와 함께 구워먹을 것 (고구마, 감자, 옥수수, 채소, 버섯, 마늘 등)

☐ 그릴 (가스 그릴 또는 숯 그릴) ✗ 중요해요

☐ 점화도구 (가스 또는 숯)

☐ 식기구 (접시, 종이컵, 젓가락, 수저)

☐ 집게   ☐ 그릴용 브러쉬 Grill brush

☐ 뒤집개   ☐ 소스 재고 (장류, 소금 등)

☐ 알루미늄 호일   ☐ 음료수와 술

잠깐! 단순히 구비만 해 놓았다고 바비큐 준비가 끝나는 것이 아니다. 고기와 그릴은 완벽한 바비큐 파티를 위해 주의가 더 필요하기에 이에 대한 준비 정보와 팁들을 지금부터 공개한다.

01 고기 준비

바비큐에 사용할 수 있는 고기로는 생고기, 양념 된 고기, 분쇄육^햄버거 패티, 소시지, 햄 등이 있는데, 정육점에서 바비큐용 고기라고 따로 정해 놓은 것은 없고, 개인의 취향에 따라 선택적으로 준비하면 된다.

생고기는 우리가 신선육이라고 부르는 고기 원재료이다. 생고기 중 돼지 삼겹살이나 목살 부위의 고기는 얇게 잘라 그 자체를 구워 먹기도 하고 통으로 구워 먹을 수도 있다. 쇠고기 등심이나 채끝 등의 부위는 보통 큼직하고 두껍게 손질하여 스테이크 형태로 구워 먹는다. 고기의 두께에 따라 같은 조건에서 굽더라도 익은 정도가 달라지고 식감도 달라지는데, 보통 얇게 잘라 구워 먹는 생고기는 1㎝ 미만으로 써는 것이 적절하고, 스테이크는 3㎝(약 1인치) 이상의 두께로 자르는 것이 적당하다.

두툼한 스테이크용 고기는 그릴에 올리기 전 고기의 온도를 전체적으로 동일하게 만들어 고르게 익을 수 있도록 해야 한다. 바비큐 준비 시 구입하는 고기는 대부분 냉장 보관 제품들이지만, 혹시라도 집에서 냉'동' 보관되었던 고기를 이용할 경우 냉장 해동을 한 뒤 사용할 것을 권장한다. 냉동되었던 고기를 그대로 사용할 경우 겉만 익고 속은 차가운 고기를 맛보게 될 수도 있다. 다양한 해동 방법 중 냉장 해동을 권장하는 이유는 고기의 온도를 완만하게 올려야 조직에서 용출되는 육즙의 양을 최소화할 수 있기 때문이다. 급한 마음에 전자레인지 등을 이용하여 급속으로 고기의 온도를 높여 해동하면 육즙의 과도한 용출로 고기가 퍽퍽해질 수 있고, 고르게 해동되지도 않는다.

또한 서서히 온도를 올리겠다고 무작정 상온에 고기를 방치한다면 미생물의 증식을 유도할 수 있기 때문에 위생적으로 안전하지 않다. 소금이나 후추 등으로 밑간을 할 경우에는 바비큐 직전에 하기보다는 간을 한 뒤 짧게는 40~50분, 길게는 하루 정도 냉장시켜 주는 것이 좋다. 참고로, 밑간은 단순히 맛을 더해 주는 기능뿐만 아니라 동시에 고기에 함유된 수분을 보존하는 효과도 지닌다. 이를 통해 육즙이 더욱 풍부한 고기를 맛볼 수 있게 해 준다.

▲ 대파와 고기가 번갈아가며 맛깔나게 꽂힌 꼬치구이

양념 된 고기로는 한국인들이 선호하는 불고기나 양념 갈비 등이 대표적이다. 정육점에서 양념이 된 고기를 구입하는 간편한 방법도 있지만, 돼지고기 목살이나 갈비살을 따로 구입하여 직접 양념에 재면 맛과 더불어 보람도 느낄 것이다. 양념이 고기 전체에 골고루, 적절하게 배도록 하려면 바비큐 전 2~3시간, 길게는 하루 정도 고기를 재워 두는 것이 좋다. 이때, 양념은 직접 만들어 사용할 수도 있지만, 데리야끼나 우스터소스 등 시중에 판매되는 제품을 이용해도 충분히 맛있게 즐길 수 있다.

다음으로 바비큐 재료로 사용할 수 있는 분쇄육에 대해 소개하려고 한다. 분쇄육 중 햄버거 패티는 우리나라에서는 보편적이지 않지만, 서양 문화권에서는 종종 구운 패티를 빵에 끼워 햄버거를 만들어 먹는다. 이와 더불어 소시지나 햄 등의 분쇄육 역시 바비큐로 구워 핫도그를 만들어 먹는 데 사용된다. 좋아하는 재료들을 이용하여 나만의 햄버거와 핫도그를 만들어 먹는 재미가 쏠쏠할 것이다.

독창적으로 만들어 먹을 수 있는 또 하나의 요리는 바로 꼬치구이
다. 꼬치구이에서 고기와 함께 사용되는 식재료는 대파, 마늘 등이 있
는데, 굳이 채소에만 국한되는 것이 아니라 서로 다른 고기 재료(예를
들어 닭고기와 쇠고기의 조합)나 새우와 같은 해산물을 함께 끼워 구
워 먹을 수도 있다. 고기를 실컷 구워 먹은 뒤, 색다른 요리가 먹고 싶
을 때는 꼬치구이에 도전해 보자. 한 개, 두 개 구워 먹다 보면 어느새
바비큐의 매력에 흠뻑 취한 당신의 모습을 발견할 것이다.

02 그릴 준비

바비큐에 이용되는 그릴은 불을 점화하는 방식에 따라 크게 가스
그릴과 숯 그릴, 이렇게 두 가지로 나뉜다.

먼저 가스Gas 그릴은 점화하는 데 프로
판 가스를 이용한다. 가스 그릴에 연결된
프로판 가스가 유입되기만 하면 불꽃이 바
로 점화되어 쉽게 불을 피울 수 있는 것이
장점이다. 빠른 시간 안에 그릴을 뜨겁게
달굴 수 있기 때문에 조리와 점화 작업이

▲ 가스를 이용하여 그릴을 달굴 수
있도록 하는 가스 그릴 제품 예시

동시에 진행될 수 있어 시간을 효율적으로 사용할 수 있다.

▲ 숯불 그릴에서 불을 좀 더 쉽게 붙일 수 있도록 고안된 바비큐 침니 스타터Barbecue Chimney Starter

반면 숯 그릴의 경우 주로 조개탄 형태의 숯을 이용하여 불을 피우는데, 시간이 오래 걸리고 타고 남은 재를 처리해야 하는 불편함이 있다. 하지만 가스 그릴에서 찾아볼 수 없는 훈연향SmokeFlavor이 식재료에 가미되어 바비큐의 참맛을 느낄 수 있다. 따라서 바비큐를 좀 아는 사람들은 손쉬운 가스 그릴보다는 숯 그릴을 선호하는 경향이 크다. 최근에는 숯에 불이 쉽게 붙을 수 있도록 '침니 스타터 Barbecue Chimney Starter'라는 도구가 개발되어 전에 비해 불을 붙이는 것이 편리해졌다.

바비큐의 큰 묘미 중 하나인 간접구이(이와 관련해서는 뒷부분에 자세한 설명이 되어 있으니 너무 당황하지 말자)를 즐기기 위해서는 그릴 아래 숯을 넓게 배치하여 모든 면이 불에 직접 닿도록 하기보다는 한쪽으로 숯을 치우쳐 놓자. 바비큐 준비와 동시에 점화를 시작해도 큰 문제가 생기지 않는 가스 그릴과 달리 숯 그릴은 점화하는 데

시간이 오래 걸리기 때문에 음식 준비 시작 전에 그릴 점화를 준비해야 한다. 점화에 성공했다면 그릴이 예열되는 동안 브러시로 그릴 위를 청소하는 센스도 발휘해 보자. 고기는 맛있게 구워졌는데, 고기 뒷면에 지난 바비큐의 고기 찌꺼기가 붙는다면 다 된 밥에 말 그대로 재 뿌리는 격이다. 브러시를 이용해 그릴 위를 털어낸 뒤 종이 타월에 물이나 식용유를 적셔 집게로 닦아내면 바비큐에 사용할 그릴 준비가 끝난다.

이제 구워볼까?

점화가 되고 불이 활활 타오르는 모습을 보고 있노라면 당장이라도 고기를 올려 익히고 싶겠지만, 숯 그릴의 경우, 숯의 색이 전반적으로 회색이 될 때까지 기다렸다가 올리자. 점화가 되자마자 고기를 올리면 숯의 기름 냄새가 전이될 수 있기 때문이다. 그릴을 충분히 예열시키는 것 또한 중요하기 때문에 바비큐에서는 기다림이 필요하다. 바비큐를 이용해 맛있는 고기를 만드는 방법은 불의 노출 수준에 따라 크게 직화 구이와 간접구이 두 가지로 나눌 수 있다.

먼저 직화구이는 숯이 점화된 상태에서 일정한 거리 위에 석쇠를 깔고 바로 그 위에 고기를 올려 구워 먹는 방식이다. 숯에 불이 붙어

나오는 열은 200℃ 이상이다. 바비큐에서 좀 더 야생의 느낌을 만끽하기 위해 큰 덩어리 고기를 통째로 구울 예정이라면 이 정도의 온도는 적절하지 않다. 속은 익지 않고 겉만 까맣게 타버릴 수 있기 때문이다. 하지만 얇게 썬 고기나 스테이크, 채소, 생선처럼 열이 깊게 침투하지 않아도 되는 경우는 직화구이를 이용할 수 있다. 이때, 기름이 너무 많은 부위, 특히 삼겹살과 같은 부위는 계속해서 주의 깊게 살펴야 한다. 고기에서 떨어지는 기름으로 그릴의 화력이 과열되어 의도치 않게 불쇼가 연출될 수 있기 때문이다.

반면 간접구이는 불이 닿지 않는 그릴 부분에 식재료를 올려놓고 장시간 익히는 방식이다. 직접적으로 불을 쬐지 않기 때문에 뚜껑을 덮어 뜨거워진 공기를 순환시켜야 한다. 이 장의《고기의 준비》내용에서 언급되었던 바와 같이 통삼겹살이나 통목살은 간접구이로 익혀 먹을 것을 추천한다. 인내를 가지고 간접구이로 완성한 고기는 육질이 부드럽고 촉촉하기 때문에 바비큐에서는 빠질 수 없는 별미이다.

맛있게 고기를 굽기 위해서는 고기 내 수분을 보존하는 것이 중요하다. 굽는 동안 고기를 자주 뒤집을 경우 과도하게 익어 맛이 없어질 수 있기 때문에 적당히 뒤집는 센스가 필요하다. 닭고기나 돼지고기는 완전히 익을 때까지 굽는 것이 중요하지만, 쇠고기는 기호에 따라 익힘 정도를 조절할 수 있다. 고기가 익은 수준은 아래 그림처럼 심부의 온도에 따라 다섯 가지 단계로 분류하는 것이 일반적인데, 정확히 확인하기 위해서는 탐침 온도계로 고기의 심부가장 안쪽 부분를 찔러 지속적으로 온도를 확인해야 한다. 하지만 탐침 온도계를 매번 확인하기에는 번거로움이 따른다. 이 경우, 고기의 표면을 손가락으로 두드려서 아래 그림에 제시된 방법으로 조리 정도를 대략적으로 확인해 볼 수 있다.

심부 온도(℃)	고기 익은 수준	확인 방법
50	레어 Rare	볼
55	미디엄 레어 Medium rare	
60	미디엄 Medium	코
66	미디엄 웰 Medium well	
71	웰 던 Well done	이마

고기의 익은 정도를 간편하게 알아볼 수 있는 확인 방법을 여러분들에게 알려 주고 있긴 하지만, 그래도 역시 가장 정확한 것은 탐침 온도계를 사용하여 확인하는 것이다. 내가 굽고 있는 고기의 정확한 심부 온도를 조절하여 더 맛있는 바비큐를 즐기고 싶다면 탐침 온도계를

바비큐 준비 항목에 추가하도록 하자.

　잘 구워져 먹음직스러운 고기는 바로 잘라 한 입 베어 먹고 싶겠지만, 굽는 과정에서 기다림이 필요하듯, 여기에도 약간의 기다림이 필요하다. 그릴 위에서 고기가 익어갈 때, 육즙은 열을 받아 한 곳으로 몰리거나 불안정한 상태로 남아 있게 된다. 이 상태에서 고기를 바로 자르게 되면 육즙이 바로 밖으로 흘러나오거나 튈 수도 있다. 따라서 고기가 구워진 뒤 2~3분간 상온에서 고기를 안정화시켜야 한다. 이를 전문 용어로 레스팅Resting이라고 한다. 레스팅 과정에서 육즙은 섬유질 속으로 골고루 퍼질 수 있기 때문에, 육즙이 골고루 자리 잡은 고기를 맛보기 위해서는 반드시 필요하다.

　지금까지 바비큐를 맛있게 구워 먹기 위해 준비해야 할 것과 다양한 팁들에 대해 함께 알아보았다. 바쁜 일상에서 벗어나 주말에는 야외 캠핑장에서 바비큐를 준비해 친한 사람들과 즐거운 시간을 보내보도록 하자. 그릴 위에서 지글지글 익는 고기와 함께 스트레스도 날아갈 것이다.

돼지고기의 블랙라벨 제주산 흑돼지

제주에 살면서 오가는 많은 지인들에게 자주 듣는 질문이 있다.

> "흑돼지는 진짜 똥돼지예요?"
>
> "제주 흑돼지 고기는 어떻게 먹으면 맛있게 먹을 수 있어요?"
>
> "진짜배기 흑돼지 고기를 믿고 사는 방법이 있나요?"
>
> "제주 흑돼지 고기가 다른 돼지고기보다 더 맛있나요? 왜 그런 거예요?"

비단 필자가 식육학을 전공해서 듣는 질문만은 아닐 것이다.

제주 흑돼지 고기에 대한 관심이 뜨거운 만큼, 제주도민이라면 이러한 질문들을 많이 듣는다고 한다. 최고의 품질을 자랑하는 제주 흑돼지의 육질과 풍미는 관광객들에게 제주의 진정한 맛을 느낄 수 있도록 해 지역 관광 산업에 크게 기여하고 있다.

제주의 효자, 흑돼지는 어떤 특별한 이야기를 가지고 있을까?

제주 흑돼지는 똥돼지였다

제주에서는 오래전부터 자급자족을 위해 집집마다 돼지를 사육했다. 특히 돼지우리를 화장실과 조합하는 독특한 형태로 만들었는데, 이를 '통시', '통제' 또는 '돗통' 등으로 불렀다. 통시는 위에서 사람이 용변을 보면 아래에 있는 돼지가 먹을 수 있는 2층 구조로 되어 있다. 그중 용변 보는 장소인 2층을 '디딜팡'이라고 한다. 먹성이 좋고 동작이 빠른 흑돼지는 사람이 용변을 보는 동시에 떨어지는 인분을 공중에서 받아먹을 정도였기 때문에, 너무 가까이 오지 않도록 쫓아내는 용도의 막대기인 부지깽이가 옆에 놓여 있기도 했다. 1층은 돼지가 활동하는 마당인데, 한쪽에는 돼지가 잠자고 머무르는 돼지막이 있다.

부지깽이^{막대기}

돼지막

디딜팡^{변소}

마당

▲ 통시의 구조

▲ 통시의 돼지막과 흑돼지

통시 문화는 다양한 장점이 있다. 제주도의 땅은 물이 잘 스며드는 특징이 있어 지하수 오염에 매우 취약하다. 돼지는 인분도 먹지만 음식찌꺼기, 설거지물 등 생활 쓰레기들도 같이 먹어 주었기 때문에 지하수 오염을 근본적으로 차단해 주었다. 또한 '돗거름'이라고 불리는 발효된 돼지똥을 농사에 활용할 수도 있었다. 재미있는 점은 돼지들 스스로 자신들이 용변을 보는 공간을 마당 일부에 따로 정해둔다는 것인데, 인분을 먹으면서도 깔끔을 떤다는 것이 아이러니하다.

하지만 이러한 통시 문화는 관광객들에게 비위생적인 이미지를 줄 수 있다는 문제로 제주 새마을 운동을 통해 모두 사라졌기 때문에, 현재 유통되고 있는 흑돼지를 똥돼지라고 할 수는 없다.

'제주 흑돼지 = 제주의 문화' 제주 스타일로 즐겨 보자

옛 제주의 생활환경에서는 단백질과 지방 섭취가 늘 부족한 형편이었다. 이때 농가마다 한두 마리씩 통시에서 키웠던 흑돼지는 동물성 단백질과 지방의 좋은 섭취원이 되어 주었다.

제주 흑돼지 고기에는 제주의 전통과 역사, 문화가 녹아 있다. 돼지고기 요리는 예부터 제주 의례 음식의 핵심축이었다. 주요 경조사뿐만 아니라 명절 등 큰 민속 행사, 마을 공동의 대소사에도 돼지고기가 빠지지 않았다.

돼지 한 마리를 잡으면 고기는 물론이고 내장은 순대로, 고기와 내장을 끓인 육수는 국밥과 국수로 만들어 며칠 동안 온 마을 사람들이 나누어 먹었다.

▲ 돔베 고기

▲ 몸국

이러한 제주 전통 요리로는 돔베 고기, 몸국, 돗수애순대, 고기 국수
가 있다. 돔베 고기는 잘 삶은 돼지고기를 도마 위에 올려서 내는 음
식으로, '돔베'는 제주도 말로 도마를 뜻한다.

● 모자반은 톳과 비슷
한 해초의 종류로, 제주
도에서는 '몸^품'이라 부
른다.

몸국은 돼지고기, 뼈, 내장, 수애순대를 삶아낸
국물에 모자반˚, 미역귀^{돼지 장간막}와 다양한 내장 부
위, 신 김치를 잘게 잘라 넣어 만든 국이다. 모자
반은 육수에 있는 지방의 흡수를 억제하고 체내에서 내장 지방을 일
부 분해하기 때문에 돼지와 최고의 궁합을 이룬다.

돗수애는 돼지 창자에 돼지피, 부추, 보릿가루 또는 메밀가루를 주
재료로 하고 마늘, 생강, 소금 등을 양념으로 하여 속을 채운 순대이
다. '수애'는 순대의 제주도 말로 예부터 제주도의 경조사에 꼭 필요한
음식이며, 귀한 하객을 접대하고자 내놓았다.

고기 국수는 고기와 뼈를 삶은 육수에 면을 넣어 돼지고기 고명과
함께 먹는 음식이다. 제주도는 벼농사가 어려워 밀과 보리를 주식으
로 했기 때문에 국수 문화가 매우 발달했고, 돼지고기가 잔치에서 많
이 사용된 만큼 고기 국수는 잔치 국수 역할을 해 왔다.

▲ 돗수애

▲ 고기 국수

진짜 제주 흑돼지 고기 구입하는 법

제주 흑돼지 고기는 전국의 백화점 및 대형 마트에 공급되고 있지만, 공급량이 부족하다 보니 원산지를 속여 판매하는 경우가 종종 발생한다. 많은 소비자들이 제주 흑돼지 고기를 믿고 구입할 수 있는지 의구심을 가지는 것도 어찌 보면 당연하다.

이러한 문제점을 해결하고자 축산물품질평가원에서는 2014년 12월부터 돼지고기 이력제를 전면적으로 시행하고 있는데, 이에 앞서 제주도에서는 2013년도부터 이력제 시험 사업에 동참하였다. 제주 흑돼지 고기는 도축된 이후 등급 판정을 할 때 '흑' 마크를 따로 표시하고, 등급 판정 확인서에 '흑돈'으로 따로 기입하여 일반 백돼지와 분리하여 관리하고 있다. 이러한 정보는 돼지고기 이력추적시스템을 통해서 확인할 수 있으니, 진짜 흑돼지 고기인지 손쉽게 확인하여 안심하고 구매할 수 있다.

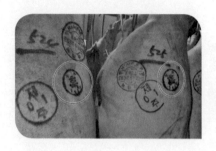

제 20120530-0-10 호

도축검사증명서

1. 가축의 종류   돼지 (흑돈: 36두)
2. 두수 및 개체식별번호: 40두
3. 중 량: 지육   kg, 내장 등 기타   kg
4. 작 업 장 명:
5. 검 인 번 호   제주 01
6. 도 축 일: 년   월   일
7. 도축 의뢰인: 주소

▲ 제주 흑돼지 고기는 도축 시 '흑' 마크를 찍고, 도축 검사 증명서에 흑돈으로 따로 분류한다.

제주 흑돼지의 독보적인 품질의 비밀, '고기의 과학'으로 풀다

제주도에서는 흑돼지의 고품질 이미지를 확고히 하기 위해 맛에 관한 과학적인 연구를 진행하고 있다. 이에 따라 제주 흑돼지의 유전자를 분석한 결과, 흑돼지와 다른 종 간 유전자 차이가 육질의 차이를 만든다는 사실이 밝혀졌다. 제주 흑돼지는 8번 염색체의 영향으로 일반 돼지보다 근육 내 지방량이 13배나 많아 흔히들 말하는 '마블링'이 좋다.

● 일반 백돼지와 비교했을 때 적색도와 채도가 각각 39%, 35%가 높은 것으로 나타났다 (농촌진흥청, 2009).

또한 12번 염색체 덕분에 고기의 색이 유난히 붉고 선명하여 먹음직스러워 보이는데, 일반 돼지와 색 등의 외관 비교를 했을 때 소비자들이 흑돼지 고기를 최고로 손꼽았다[*]. 또한 이 12번 염색체는 육즙 손실을 일반 돼지의 43% 정도로 낮춰 주므로 풍부한 육즙을 느낄 수 있게 해 준다.

▲ 흑돼지는 일반 백돼지와 비교했을 때 마블링이 좋다.

▲ 흑돼지는 일반 백돼지와 비교했을 때 근육 내의 적색 근섬유 비율이 더 높다.

이처럼 제주 흑돼지는 일반 백돼지와는 차별화된 고품질의 특성을 가지고 있고, 실제로 한 번 맛본 사람들은 그 훌륭한 맛을 쉽사리 잊지 못한다. 제주도에 방문한다면 돼지고기계의 블랙 라벨 흑돼지 고기를 즐기며 제주의 진정한 맛을 느껴 보기를 강력히 추천한다.

PART 3

안전하게 고기 먹고
건강해지자

일본 오키나와에서 만난 고기의 두 얼굴

고기가 혈관을 막는다고?

햄버거 패티, 특별 관리가 필요합니다

아직도 고기에 기생충이 있나요?

억울한 아질산염, 그 오해와 진실

1. 일본 오키나와에서 만난 고기의 두 얼굴

> "80세는 아직 어린아이, 90세에 하늘의 부름을 받거든 100세까지 기다리라고 돌려보내라 우리들은 나이가 들수록 의기意氣가 성해지고 자식들에게 기대지도 않는다……"
> 1993년 4월 23일 오기미 촌 노인 클럽 연합회

▲ 일본 제일의 장수 마을임을 선언한 오기미 촌의 기념비*

오키나와 현* 북쪽 해안가에 위치한 오기미 촌.

세계적인 장수 국가인 일본에서도 '**제일의 장수**'로 유명한 마을이다. 인구 약 3,500여 명의 오기미 촌에는 90세 이상의 장수 노인이 80여 명이며, 100세 이상의 장수 노인은 15명이나 된다.

'생애 현역'*이라는 오기미 촌 사람들의 장수 비결은 무엇일까?

* 출처: 오기미 촌 홈페이지(http://kanko.vill. ogimi.okinawa.jp)
* 일본 행정구역상의 지방. 우리나라의 도道와 유사한 개념
* '평생 살아있는 동안 은퇴는 없다.' 죽을 때까지 열심히 일하고 소통하며 즐기면 장수할 수 있다는 의미

기름기 뺀 돼지고기를 먹는 오기미 촌 사람들

오기미 촌 vs 아키타 현 식생활 비교(1인 1일 식단 기준)

- 오기미 촌 사람들은 '**저염식**'을 한다.

- 오기미 촌 사람들은 '**과일류**'를 많이 먹는다.

- 오기미 촌 사람들은 아키타 현에 비해 '**두류**'를 약 1.5배 많이 먹는다.

- 오기미 촌 사람들은 '**녹황색 채소**'를 약 3배 많이 먹는다.

- 오기미 촌 사람들은 '**육류**'를 약 2.5~3배 많이 먹는다.

오기미 촌 사람들의 식생활 특징 중 하나는 육류를 많이 먹는 것이며, 1인당 연평균 약 70㎏ 이상의 육류를 섭취한다. 이 섭취량은 2010년 유럽 연합의 1인당 연평균 육류 섭취량과 유사하며, 우리나라 육류 소비량에 비해 약 2배 높은 수치다. 육류는 주로 '**돼지고기**'이며, 오랜 시간 푹 삶아서 '**지방을 충분히 제거한**' 고기를 먹는다. 오기미 촌의 장수 비결인 고기의 비밀은 무엇일까?

고기는 좋은 단백질을 공급해 주는 착한 음식

고기의 구성 성분을 살펴보면 부위에 따라 차이가 있으나 일반적으로 수분이 약 70%로 가장 많고, 단백질이 약 20%로 수분 다음으로 많다(삼겹살은 지방이 더 많을 수도 있다). 사람의 몸을 구성하는 조직들, 에너지 생성, 생리 활동 등에 관여하는 대부분의 물질은 모두 단백질로 만들어진다. 따라서 튼튼한 몸과 건강한 생활을 위해 좋은 단백질의 섭취는 필수적이다.

단백질은 20종의 아미노산으로 구성되며, 이 중 8종*은 사람의 몸에서 만들 수 없고 음식으로 섭취해야 하기 때문에 '**필수아미노산**'이라고 한다. 고기의 단백질은 필수아미노산을 골고루 포함하고 있는 매우 좋은 음식이다. 또한 고기 단백질은 식물 단백질보다 소화, 흡수, 이용이 매우 효율적이다. 따라서 고기를 먹는 것은 건강하고 활기찬 생활에 도움을 준다.

* 아이소류신Isoleucine, 류신Leucine, 라이신Lysine, 메티오닌Methionine, 페닐알라닌Phenylalanine, 트레오닌Threonine, 트립토판Tryptophan, 발린Valine, 히스티딘Histidine
* 단백질 대사 회전 Protein turnover

우리 몸의 단백질은 평생 남아 있는 것이 아니라 합성을 통해 새로운 단백질로 교체되면서 유지된다*. 따라서 충분한 단백질을 섭취해 몸속에서 단백질이 원활하게 합성되도록 해 주어야 하며, 이때 필수아미노산이 고르게 들어있는 고기 단백질 섭취가 큰 도움을 주는 것이다. 근육을 만드는 보디빌더들이 근육을 키우기 위해 닭가슴살을 먹는 것을 떠올리면 이해하기 쉽다. 실제로 영양학자들에 따르면 보통의 성인 남자는 하루에 약 70g, 성인 여자는 약 60g의 단백질(약 체중 1㎏당 단백질 1g 정도임)이 필요하며, 성장기 어린이는 조직 생성이 활발하기 때문에 체중 1㎏당 성인의 약 2배에 해당하는 단백질이 필요하다. 또한 임신기 여성의 경우 일일 적정 섭취량에 약 20g의 단백질이 추가로 요구된다. 호주에서 발표한 연구 결과에서도 건강을 위해 남자는 하루 180~240g, 여자는 102~150g의 쇠고기를 섭취해야 하며, 콜레스테롤 수치가 정상일 경우에는 500g의 쇠고기 섭취도 문제없다고 한다.

노인의 경우에는 소화 능력이 감소하여 고기와 같은 단백질 섭취를 부담스러워 할 수 있다. 그러나 단백질 섭취가 부족하면 오히려 뇌의 활동이나 면역력 감소 등의 문제가 발생할 수 있으므로 적절한 양의 단백질 섭취가 필요하며, 하루 50g 정도의 단백질 섭취를 권장하고 있다.

고기는 단백질 외에도 비타민, 미네랄, 필수지방산 등의 영양소도 포함하고 있다. 오기미 촌에서 주로 먹는 돼지고기는 다른 고기에 비해 비타민 B1이 매우 높은 것으로 알려져 있는데, 비타민 B1은 몸속에서 당을 분해시켜 에너지를 얻는 과정에 관여하는 중요한 영양소이다. 따라서 적절한 고기 섭취는 일상생활에 필요한 에너지를 얻는 데도 도움을 준다.

몰락하는 장수 지역 오키나와

오키나와 현은 일본 내에서도 '장수'로 유명한 지역이었다. 그러나 2000년 실시한 전국 평균 수명 조사에서 오키나와 남성 평균 수명이 전국 26위로 곤두박질치는, 이른바 '26 쇼크'로 불리는 충격적인 결과가 나왔다.

'26쇼크'의 원인은 무엇일까?

○○신문

2002년 …

사라지는 장수촌, 오키나와

오키나와 남성 평균수명 전국 47개 현 중 26위

평균신장 155cm 일본내 두 번째로 작음

평균체중 61kg 일본내 가장 높음

20~69세 남성 비만율 전국 1위

40~69세 여성 비만율 전국 1위

당뇨병과 간질환으로 인한 사망률 남녀 모두 전국 1위

▲ 오키나와의 '26 쇼크'

불이 꺼지지 않는 오키나와의 패스트푸드점

- 타 지역보다 '10여 년 빠른 패스트푸드점'의 오키나와 상륙

- '일본 최다' 오키나와 햄버거 가게: 인구 10만 명에 8개

- 타 지역 대비 '1.5배 햄버거 구입 비용'

- '일본 최대' 육가공품 소비량

오카나와가 질병과 사망의 지역으로 몰락한 원인으로 서구화된 식습관을 첫손가락으로 꼽는다. 특히 지방과 함께 가공된 햄버거, 베이컨과 같이 지나치게 칼로리가 높은 육제품, 매끼 먹는 고기 등 육류의 **'과다한 섭취'**가 가장 큰 문제로 지적됐다. 오카나와는 2차 세계 대전 이후 미군이 주둔하면서 패스트푸드가 가장 먼저 유입되었고, 30여 년간 미군의 식습관이 빠르게 확산되었다. 그 당시 미군의 패스트푸드와 서구식 식습관을 받아들이고 경험하면서 자란 사람들이 바로 지금의 중년층이며, 이들이 지금 오카나와의 장수 문화를 위협하고 있다.

장수를 위해 건강하게 고기 먹기!

우리 몸은 매일 단백질을 원하고 있고, 고기는 좋은 단백질뿐만 아니라 비타민, 미네랄, 필수지방산 등의 영양소도 공급해 준다. 그러나 아무리 몸에 좋은 것이라도 지나치면 독이 될 수 있다. 몸이 필요로 하는 양을 넘어 **'지속적으로 과도하게 섭취'**하면 남는 에너지는 몸에 쌓여 비만, 심장 질환 등 병을 일으킬 수 있다. 11년간 오카나와에 머물며 장수 비결을 연구한 크레이그 윌콕스 박사의 지적은 생각해 볼 가치가 있다.

"삶아서 지방을 충분히 제거한 돼지고기도 지나치게 많이 먹는 것은 곤란하다."

오기미 촌 장수 노인들은 육류 외에 녹황색 채소, 두류, 과일도 많이 먹고 소금은 적게 먹는다. 또한 매일 아침 5~6시면 마을회관에서 이웃과 이야기를 하는 것으로 시작해 농사일과 게이트볼, 그라운드 골프와 같은 운동으로 하루를 마감하는 등 활동도 왕성하게 한다. 오키나와 '26 쇼크'의 주범인 중년층은 자가용을 많이 이용해 활동량이 매우 적고, 운동도 따로 하지 않는다. 이러한 생활습관의 차이도 오기미 촌의 장수 비결일 것이다.

건강을 위해, 장수를 위해 '채식' 또는 '육식'처럼 흑과 백으로 나누어 논리를 전개하는 것은 소모적인 논쟁일 뿐이다. 고기에는 고기만이 가지고 있는 영양적 특성이 있고, 질병이 발생하는 원인은 너무나도 다양하고 복잡하기 때문이다. 이 글을 읽고 있는 당신. 오늘 어떤 고기를 어떻게 요리해서 얼마만큼 먹었는가? 함께 먹은 음식은 무엇이었나? 많이 움직였는가? 술과 담배는 얼마나 했는가?

오키나와에서 만난 고기의 두 얼굴. 당신의 건강한 미래를 위해 당신은 어떻게 고기를 먹고, 어떻게 생활할 것인가?

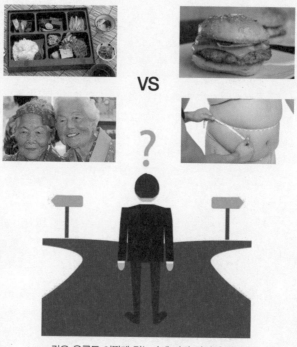

▲ 같은 육류도 어떻게 먹느냐에 따라 당신의 미래가
바뀔 수 있다.

2. 고기가 혈관을 막는다고?

상황 1) 건강 검진 결과를 보며 의사가 심각한 표정으로 말한다.

"혈중 총 콜레스테롤 수치가 너무 높습니다. HDL 수치는 낮은데 LDL 수치가 지나치게 높은 것도 문제가 있네요. 콜레스테롤 수치가 높으면 혈관에 콜레스테롤이 쌓여서 혈액 순환을 방해하고, 심해지면 동맥 경화나 심근경색 같은 심각한 질병이 생길 수 있습니다. 심각한 상황이니 앞으로 식생활은 물론 생활습관도 고쳐야 합니다."

상황 2) 오랜만에 만나 반가운 마음에 고기를 먹으러 가는 두 친구.

"너 그거 알아? 콜레스테롤 수치가 높으면 동맥 경화로 죽는데!"

"어. 나도 들었어. 너 그건 알아? 고기랑 달걀에 콜레스테롤이 많아서 먹으면 안 된대!"

"어머~ 정말이야?! 나도 어디선가 들었는데 고기는 포화 지방산도 많아서 몸에 진짜 나쁘대!"

"웬일이니! 근데 너 되게 유식하다~ 포화 지방산도 알고. 야! 우리 오늘 고기 먹는 거 취소다!"

건강 검진 결과에 빠지지 않고 등장하는 콜레스테롤, HDL, LDL. 이들의 정체가 무엇이기에 우리의 건강을 위협하는 것일까? 그럼 콜레스테롤이 없으면 좋은 걸까? 고기는 정말 콜레스테롤 수치를 높여 동맥 경화를 일으키는 걸까?

콜레스테롤, 누구냐 넌?!

콜레스테롤은 지방의 일종으로, 동물에서만 합성되는 물질이다. 콜레스테롤은 세포막의 구성 성분으로, 외부의 공격으로부터 세포를 보호하고 세포의 생리 활동에 관여한다. 또한 성호르몬, 부신 피질 호르몬 같은 스테로이드 화합물의 재료이며, 지방의 소화 흡수에 중요한 역할을 하는 담즙산의 재료이기도 하다. 칼슘의 이용과 뼈의 형성에 필요한 비타민 D를 합성하는 데 쓰이기도 한다. 이처럼 콜레스테롤은 우리 몸에 꼭 필요한 성분이다.

HDL은 좋은 콜레스테롤? LDL은 나쁜 콜레스테롤?

콜레스테롤은 몸속에서 필요한 곳에 쓰이기 위해 혈액을 타고 이동한다. 그런데 콜레스테롤은 지방처럼 물과 잘 섞이지 않는 성질을 가지고 있다. 그래서 콜레스테롤을 포함하는 지방질이 안쪽에 위치하고 그 주변을 단백질과 인지질Phospholipid이 둘러싼 지방단백질Lipoprotein 형태로 혈액을 통해 이동한다.

지방단백질은 구성 성분인 지방질과 단백질의 조성에 따라 크게 고밀도 지방단백질High Density Lipoprotein, HDL과 저밀도 지방단백질Low Density Lipoprotein, LDL로 분류한다. HDL은 각 조직에서 사용하고 남은 콜레스테롤을 간으로 보내는 역할을 한다. 반대로 LDL은 간에서 콜레스테롤을 필요로 하는 조직으로 운반하는 역할을 한다. 따라서 HDL 작용이 활발하면 혈액의 콜레스테롤이 간으로 이동하기 때문에 혈관 속 콜레스테롤이 적어지고, LDL 작용이 활발하면 콜레스테롤이 간에서 혈액으로 이동하기 때문에 혈관에 콜레스테롤이 많아진다. 이 때문에 HDL을 좋은 콜레스테롤, LDL을 나쁜 콜레스테롤이라 부르는 것이다. 그러나 LDL이 없으면 콜레스테롤이 필요한 조직으로 이동할 수 없기 때문에 'LDL은 나쁘다'라고 단정할 수 없다.

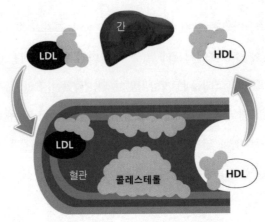

간

LDL

HDL

LDL

혈관　　콜레스테롤

HDL

▲ HDL과 LDL에 의한 콜레스테롤 이동

고기 안 먹으면 콜레스테롤 없어지나?

사람들은 흔히 동물성 지방, 특히 고기의 지방에는 포화 지방산과 콜레스테롤이 많기 때문에 고기를 먹으면 콜레스테롤 수치가 높아져 몸에 좋지 않다고 생각한다. 정말 고기는 콜레스테롤 수치를 높이는 좋지 않은 음식인 걸까?

첫 번째, 사람들은 고기 지방 속 포화 지방산이 콜레스테롤을 높인다고 생각한다. 우리가 먹는 음식의 지방에는 포화 지방산과 불포화 지방산이 있다˚.

● 포화 지방산Saturated Fatty Acid: 구조에 이중 결합이 없는 것
·단가 불포화 지방산 Monounsaturated Fatty acid: 구조에 이중 결합이 한 개인 것
·다가 불포화 지방산 Polyunsaturated Fatty Acid: 구조에 이중 결합이 두 개 이상인 것
· 불포화　지방산 Unsaturated Fatty Acid: 단가 불포화 지방산 + 다가 불포화 지방산

사람들은 흔히 포화 지방산은 콜레스테롤 수치를 높이고, 불포화 지방산은 낮추기 때문에 불포화 지방산을 먹어야 하며, 고기는 포화 지방산이 많아 먹으면 몸에 나쁘다고 생각한다.

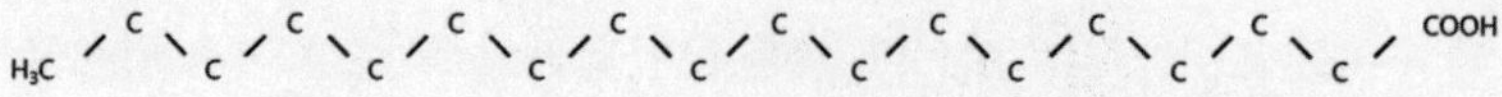

▲ 포화 지방산 - 스테아르산Stearic Acid

이중결합

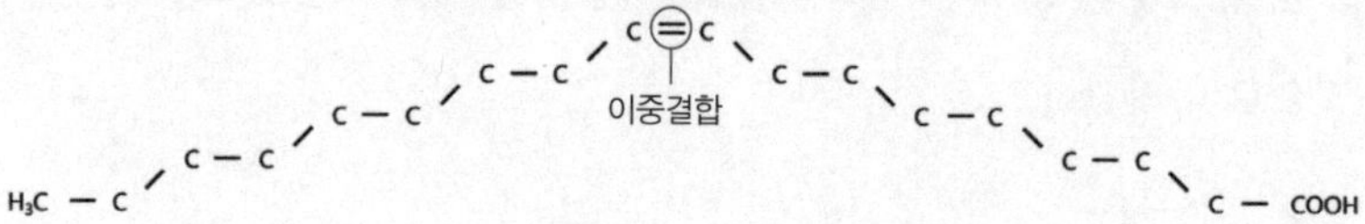

▲ 단가 불포화 지방산 - 올레산Oleic Acid

이중결합

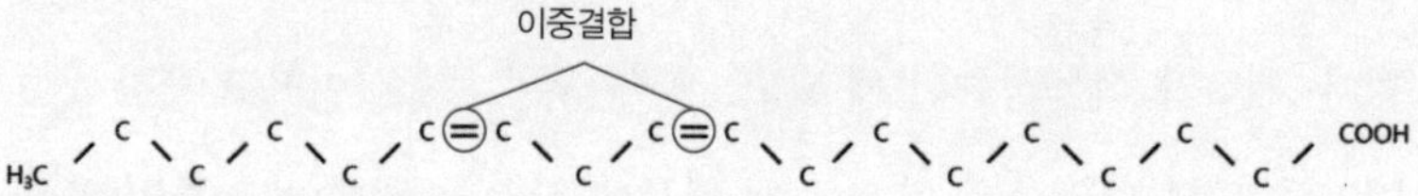

▲ 다가 불포화 지방산 - 리놀레산Linoleic Acid

고기의 지방에 포화 지방산만 있다는 것이 고기에 대한 오해의 시작이다. 보통 고기의 지방에 가장 많은 지방산은 단가 불포화 지방산인 올레산Oleic Acid으로 총 지방산 중 절반 이상을 차지한다. 그 다음이 포화 지방산인 팔미트산Palmitic Acid과 스테아르산Stearic Acid이다. 반대로 식물성 지방이라도 팜유나 코코넛유는 팔미트산의 함량이 가장 높다.

또 다른 오해는 포화 지방산이 콜레스테롤 수치를 높인다는 것이다. 최근 밝혀진 연구 결과에 따르면 모든 포화 지방산이 전부 콜레스테롤 수치를 높이는 것은 아니다. 예를 들어 스테아르산은 LDL을 낮추고 HDL을 높인다. 팔미트산은 콜레스테롤 수치에 영향을 주지 않는다. 또한 고기에 가장 많은 단가 불포화 지방산인 올레산은 LDL을 낮추는 것으로 나타났다.

반대로 포화 지방산인 미리스트산Myristic Acid이나 라우르산Lauric Acid이 많은 식물성 지방은 오히려 LDL을 높여 건강에 안 좋은 영향을 줄 수 있다. 게다가 식물성 지방에 많고, 흔히 좋은 지방산이라고 생각하는 다가 불포화 지방산은 이중 결합 때문에 산소와 쉽게 반응하여 과산화지질이라는 물질을 생성할 수 있다. 문제는 과산화지질이 LDL을 공격하여 산화 LDLOxidized LDL을 만들게 되면 동맥 경화나 심장 질환을 촉진시킬 수 있다는 것이다.

두 번째, 고기 자체에 콜레스테롤이 있기 때문에 고기를 먹으면 우리 몸의 콜레스테롤 수치가 높아진다고 생각한다. 콜레스테롤은 동물에만 존재하는 물질로 고기에도 콜레스테롤이 있다. 우리가 생각해야 할 것은 음식으로 섭취하는 콜레스테롤이 모두 우리 몸에 쌓이는 것은 아니라는 것이다. 우리 몸에 존재하는 콜레스테롤은 음식 섭취를 통해 얻기도 하지만 대부분은 간에서 합성되며, 이 합성되는 양이 음식으로 섭취하는 콜레스테롤보다 2배 정도 더 많다. 또한 우리 몸에는 콜레스테롤 자동 조절 능력이 있어, 몸속 콜레스테롤 양을 일정하게 유지한다. 문제는 유전적 요인, 편식과 과식, 과음, 흡연, 과도한 스트레스 등의 요인이 '지속될 경우' 콜레스테롤 조절 능력이 떨어진다는 것이며, 이때 과도한 콜레스테롤이나 지방을 섭취하면 콜레스테롤 수치가 상승한다. 그러나 정상인은 많은 양의 콜레스테롤을 음식으로 섭취해도 체내 콜레스테롤의 합성을 줄여 콜레스테롤 총량을 일정하게 유지하기 때문에 고기 먹는 것을 두려워할 필요가 없다.

한 가지 더! 우리 몸에서 콜레스테롤이 합성될 때 탄수화물도 이용된다는 것을 기억하자. 실제로 포화 지방을 탄수화물(흰 밀가루, 백미, 으깬 감자Mashed Potato, 당분이 첨가된 음료수 등)로 바꿔서 먹을 때 오히려 HDL이 낮아지고 지방 수치가 증가했다는 연구 결과도 있다. 결국 고기를 전혀 먹지 않고 식물성 지방이나 밥, 빵, 떡 등의 탄수화물만 먹어도 콜레스테롤은 합성되며, 몸속 콜레스테롤 균형을 깨뜨릴 수 있는 것이다. 문제는 '**과도한 양의 지속적인 섭취**'와 '**생활습관**'인 것 이다.

고기 섭취와 콜레스테롤

고기의 포화지방산이 콜레스테롤 수치를 높인다? NO!
- 팔미트산: 영향없음
- 스테아르산: LDL 낮춤, HDL 높임
- 올레산, 리놀레산: LDL 낮춤

고기의 콜레스테롤이 콜레스테롤 수치를 높인다? NO!
- '콜레스테롤 자동 조절 능력'으로 일정하게 유지
- 식이 콜레스테롤 〈 체내 콜레스테롤 합성
- 탄수화물도 콜레스테롤 합성에 이용

동맥 경화, 심장 질환, 비만, 당뇨 등 현대 사회에서 문제시 되는 질병의 원인을 '고기 때문이다'라고 단정 짓는 것은 어리석은 일이다. 질병의 원인에는 여러 가지가 있으며, 식생활은 물론 평소 생활습관 자체도 원인이 될 수 있다. 앞선 오키나와의 '26 쇼크'와 오기미 촌의 장수 비결을 생각해 보라. 오키나와의 비만 인구 증가와 수명 단축의 원인으로 자동차의 보급으로 인한 운동 부족 등의 생활습관도 지적되었다. 반대로 오기미 촌의 장수 비결 중 하나는 젊은 사람들 못지않은 왕성한 활동량이었다. 독자들은 아직도 고기가 나쁘게만 보이는가?

건강 기능성 물질은 채소와 과일에만 있는 건 아니라고요!

흔히들 '아, 피곤하다. 오늘 고기 먹고 몸보신 좀 할까?'라고 한다. 여름철 더운 날씨, 기력을 회복하기 위해 삼복^{초복, 중복, 말복}을 정하여 고기를 먹는 전통도 있다. 정말 고기를 먹으면 힘이 나는 것일까? 비밀은 바로 고기 단백질에 있다. 쥐를 세 그룹으로 나누어 A 그룹은 물, B 그룹은 돼지고기에서 추출한 단백질, C 그룹은 돼지고기에서 추출 후 정제한 펩타이드[•]를 먹이로 주고 운동을 시켰다. 그 결과 펩타이드를 먹은 C 그룹 쥐들이 가장 길게 운동하였다. 이 외에도 고기 단백질에서 유래된 특정 펩타이드는 스트레스에 의한 궤양 발생을 감소시키고, 고혈압을 방지하는 것으로 알려져 있다. 서양의 발효 소시지인 살라미^{Salami}가 이 펩타이드 함량이 높아 고혈압 예방에 효과적이라는 연구 결과도 있다. 또한 반추 동물인 소에서 생성되는 쇠고기나 유제품에는 건강 기능성 물질로 알려진 공액리놀레산^{Conjugated Linoleic Acid, CLA}이 있다. 공액리놀레산은 면역력을 강화하고 암을 예방하며 항산화 효과도 있다. 또한 체지방 감소 효과도 있는 것으로 밝혀져 다이어트 보조 식품으로 많이 이용되고 있다.

● 2개 이상의 아미노산이 펩타이드 결합 Peptide Bond으로 연결된 물질. 발효 육제품의 경우 발효 과정에서 단백질이 분해되면서 생성된다.

3. 햄버거 패티, 특별 관리가 필요합니다

1993년 미국에서 잭 인 더 박스Jack in the Box* 햄버거를 먹은 어린아이

600명 이상이 병원에 입원하고 4명이 끝내 사망하

● 미국의 대형 햄버거
체인점

는 사고가 일어났다. 이 대형 식중독 사고의 원인은

바로 병원성 세균인 **대장균 O157:H7**에 오염된 쇠고기 **패티**였다.

햄버거 패티가 도대체 왜?

앙꼬 없는 찐빵, 속이 없는 만두, 계란 없는 오믈렛, 고추장 없는 비

빔밥… 햄버거로 치면 패티 없는 햄버거가 이들과 동급이 아닐까 싶

다. 패티는 햄버거에서 빠질 수 없는 대표 선수 격 속 재료. 그런데 이

패티가 왜 문제가 되었던 걸까?

일반적으로 동물의 근육 속에는 병원성 세균이 침투할 수 없어 신

선한 고기의 안쪽에는 병원성 세균이 존재하지 않는다. 그러니 고기

의 바깥쪽만 잘 익혀도 병원성 세균은 쉽게 제거된다. 반면 패티의 경

우에는 여러 가지 서로 다른 부위의 고기를 세절하여 다양하게 혼합

하고 맛을 향상시키기 위해 지방이나 우지˚를 첨가
하기 때문에 재료 중 어느 하나라도 오염되면 고기
의 안쪽까지 병원성 세균이 존재할 수 있어 제어가 어렵다.

● 소의 지방을 추출해
정제한 것

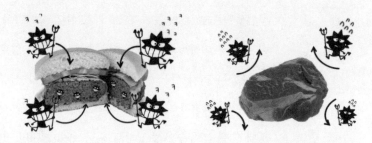

▲ 햄버거 패티 vs 신선한 고기. 패티의 안쪽은 병원성 세균에 오염될 수 있다.

병원성 대장균이 무엇이기에

햄버거 패티에서 가장 문제가 되는 세균은 위의
잭 인 더 박스 식중독 사고에서도 언급된 병원성 대

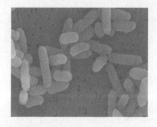

▲ 식중독 사고를 발생시키는 병원
성대장균 O157:H7

장균 O157:H7이다. 대
장균은 사람이나 동물
의 대장에 존재하는 세
균으로, 모든 대장균이
다 나쁜 것은 아니다˚.

● 대부분의 사람들 장
속에는 대장균이 존재
하며 인체에 해를 일으
키지 않는다. 오히려 사
람과 공생 관계를 이루
며 음식물 소화에 도움
을 주기도 한다. 대장균
에 오염된 음식이 문제
가 되는 이유는 대장균
이 인체에 해를 일으키
기 때문이 아니라 몸에
해로운 다른 병원체의
오염을 암시하고 있기
때문이다.

● 병원성 대장균 O157:H7 감염에 의해 용혈성 요독 증후군Hemolytic-Uremic Syndrome, HUS이라는 합병증이 발생할 수 있는데, 이것은 적혈구가 파괴되고 신장에 문제가 생기는 병이다. 미국에서는 용혈성 요독 증후군이 아동 급성 신부전의 주요 원인이다.

그러나 대장균 중에서도 식중독 사고를 발생시키는 나쁜 종류의 병원성 대장균이 있는데 그중 대표적인 것이 대장균 O157:H7이다.

이 세균은 일반적으로 소의 창자에 기생하다가 비위생적으로 소가 도축된 경우 고기로 옮겨간다. 이 병원성 대장균에 오염된 고기를 먹게 되면 일부는 복통과 피가 섞인 설사 증세가 나타나다가 신장 질환으로 발전하여 심각한 경우 목숨까지 빼앗길 수 있다. 면역력이 좋다면 단순한 수인성 설사로 끝날 수도 있지만, **면역력이 약한 5세 미만의 어린아이나 노인들은 합병증이 발생할 수 있어 더 위험하다**. 그래서 이 균에 대해 잘 알고 있는 식품 과학자들은 어린아이에게 햄버거 패티를 먹이지 않는다. 자칫 위험한 식중독으로 발전할 수도 있기 때문이다.

불안해서 햄버거는 못 먹는다? No, 안전하게 조리하면 된다

그렇다면 이제 우리는 먹음직스러운 햄버거와 작별을 고해야 하는 걸까? 다행히도 우리나라에서 판매되는 햄버거에서는 병원성 대장균 O157:H7에 의한 문제가 크게 불거진 적이 없다. 오히려 문제는 집에서 햄버거를 조리할 때다.

요즘은 집에서 어머니들이 아이들 간식으로 수제 햄버거를 만들어 주는 경우도 많다. 꼭 햄버거가 아니더라도 동그랑땡이나 너비아니, 떡갈비, 미트볼과 같은 것들도 세절한 쇠고기를 이용하여 조리하는 음식이므로 비슷한 경우에 해당된다. 쇠고기 패티는 세균 오염의 가능성이 있기 때문에 집에서 조리 시에도 주의를 기울여야 한다. 특히 패티를 익힐 때 겉보기 색만으로는 다 익었는지 아닌지 확인하기 어렵다는 것이 문제다. 그렇다면 집에서 안전하게 패티를 즐기기 위해서는 어떻게 해야 할까?

1. 식품을 다루기 전에는 칼, 도마, 손을 꼭 깨끗이 씻는다.

2. 고기 패티는 가능한 한 얇게 빚는다.

3. 한 면 보다는 양 쪽에서 굽는 것이 세균을 죽이는 데 더 효과적이다.

4. 탐침 온도계로 중심부가 일정 온도까지 올라 갔는 지 꼭 확인한다.

▲ 햄버거 패티 조리. 안쪽까지 잘
익혀야 식중독 사고를 예방할 수
있다.

요리하는 사람에게 청결은 필수. 식품을 다루기 전에는 반드시 칼, 도마, 손을 깨끗이 씻어야 한다. 당연한 이야기지만 패티 두께가 두꺼울수록 안쪽은 잘 익지 않는다. 두꺼운 패티에 대한 욕심을 버리자. 조리 시에는 한 면에서만 익히는 것보다 오븐 등을 이용하여 양 쪽에서 굽는 것이 패티를 익히고 세균을 죽이는 데 훨씬 효과적이다. 그렇다면 패티는 어느 수준까지 익혀야 할까? 미국 농무부USDA에서는 햄버거 패티를 만들 때 **중심부 온도가 71.1℃가 될 때까지 가열**하라고 말한다. 아직까지 가정의 주방에서 온도계를 사용하는 경우는 많지 않은데 탐침 온도계를 이용하면 손쉽게 온도를 확인하고 위험한 식중독 사고를 예방할 수 있다.

병원성 대장균 O157:H7의 약점이 '불'이기 때문에 패티 안쪽까지 골고루 익을 수 있도록 온도 관리만 철저히 해 줘도 햄버거 패티를 무서워할 필요가 없다. 다만 **면역력이 약한 5세 미만의 아이들에게는 쇠고기 패티를 먹이지 말아야 한다**는 점을 명심하자.

4. 아직도 고기에 기생충이 있나요?

'쇠고기는 덜 익혀 먹어도 되지만, 돼지고기는 잘 익혀 먹어야 한다.'
누구나 한 번쯤은 들어 봤으나 정확히 왜인지는 모른다. 언젠가부터
필수 생활 상식이 되어버린 이 이야기가 나온 것은 바로 돼지고기의
유해 기생충 때문이다. 그렇다면 우리는 고기의 기생충으로부터 과연
안전한 것일까?

사람과 기생충 = 집주인과 세입자

고기와 기생충에 관해 이야기하기 전에 먼저 알아야 하는 것은 바
로 사람과 기생충의 관계이다. 기생충은 이름 그대로 숙주에게 기생
하며 빌어먹는 생물이다. 기생충이 사람 몸속으로 들어가면, 자신이
좋아하는 곳으로 이동하여 제집처럼 자리를 잡고 눌러앉는다. 비유하
자면 숙주인 사람이 '집주인', 기생충은 '세입자'인 셈이다. 우리 사회와
다른 점이라면 집주인이 세입자의 밥을 꼬박꼬박 챙겨 준다는 점이다.

그런데 주는 밥을 먹으며 문제없이 사는 세입자가 있는 반면, 어떤
세입자는 집안을 온통 부수거나 어지럽히기도 한다. 즉, 사람 몸에 들

어와도 큰 영향을 미치지 않는 기생충이 있는 반면 감염 증상을 일으키는 기생충도 있는 것이다. 그 때문에 식품에 해로운 기생충이 있는지 없는지를 파악하는 것이 중요하다. 그렇다면 고기에는 어떤 기생충이 있을 수 있고, 그 기생충들은 어떤 특징을 가지고 있을까?

소와 돼지에 존재할 수 있는 기생충은 서로 다르다

기생충 별로 기생하기 위한 환경이 다르기 때문에 숙주가 되는 동물 종에 따라 존재 가능한 기생충의 종류 또한 다르다.

먼저, 돼지에 존재할 수 있는 위험한 기생충은 선모충, 유구조충^{갈고리촌충}이 있다. 선모충은 주로 야생 동물에 분포하는 기생충으로, 사람은 주로 돼지로부터 감염되고 돼지는 쥐로부터 감염된다. 돼지가 선모충에 감염된 쥐를 잡아먹으면 선모충은 자연스레 돼지의 몸속으로 거처를 옮겨간다. 이렇게 감염된 동물의 고기를 먹으면 선모충은 사람에게로 옮겨가 소장에서 번식하면서 유충을 낳는다. 모세혈관보다 작은 크기의 유충은 혈관을 타고 몸속을 여행하다가 근육에 가서 자리를 잡는다. 이 과정에서 근육이 쑤시는 통증이 나타나는데, 자리 잡는 근육에 따라 가벼운 통증부터 사망*까지 다양한 증상을 나타낸다.

• 뇌나 심장에 자리 잡는 경우

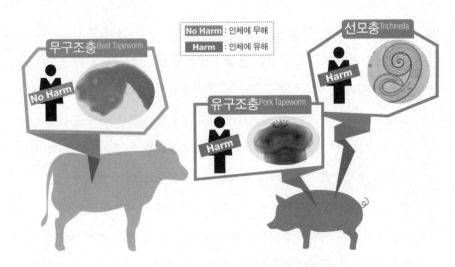

▲ 소나 돼지에게서 발견될 수 있는 기생충 종류 및 인체 영향

돼지에 존재할 수 있는 또 다른 기생충인 **유구조충**은 기원전 문서에 감염에 의한 질병과 관련된 기록이 남아 있을 만큼 오랜 역사를 인류와 함께하며 끊임없이 문제를 일으켜 왔다. 유구조충의 꼬리 끝에는 부착 역할을 하는 6개의 갈고리가 있어 갈고리촌충이라는 또 다른 이름이 있다. 내장 벽에 조용히 기생하고 있을 때는 문제가 없지만, 갈고리를 이용하여 내장 벽을 뚫고 심장이나 뇌로 전이되는 경우 숙주가 사망하기도 한다.

반면 소에 존재할 수 있는 기생충으로는 대표적으로 **무구조충**^{민촌충}이 꼽힌다. 이름은 유구조충과 비슷하지만, 갈고리가 없다는 것이 특징적인 차이점이다. 또한 정확한 이유가 알려지지는 않았으나, 무구조충은 사람 몸에 들어가도 해로운 영향을 주지 않고 조용히 들어왔다가 조용히 나간다고 한다. 이 때문에 쇠고기는 돼지고기와 달리 덜 익혀서 먹어도 안전하다고 알려져 있다.

그렇지만 소라고 무조건 안전한 것은 아니다. 특히 소의 생간은 섭취 시 주의해야 한다. 소의 생간을 섭취하면 **개회충**에 의한 눈병이 일어날 가능성이 높아진다는 연구 결과가 보고된 바 있다. 정말 먹고 싶은 사람들은 회충약을 먹으면 되겠지만, 안전하니 마음껏 드시라 말씀드리기에는 어려움이 있는 것이 사실이다.

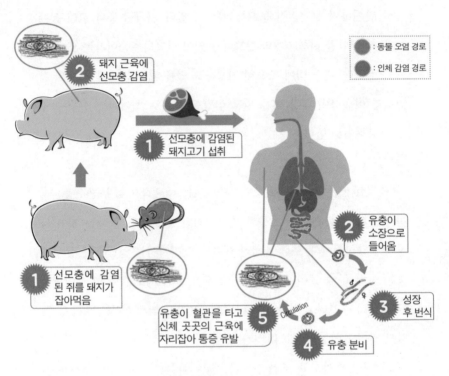

2 돼지 근육에
선모충 감염

1 선모충에 감염된
돼지고기 섭취

1 선모충에 감염
된 쥐를 돼지가
잡아먹음

2 유충이
소장으로
들어옴

3 성장
후 번식

4 유충 분비

5 유충이 혈관을 타고
신체 곳곳의 근육에
자리잡아 통증 유발

Circulation

▲ 선모충의 생활사 및 신체 내에서 반응

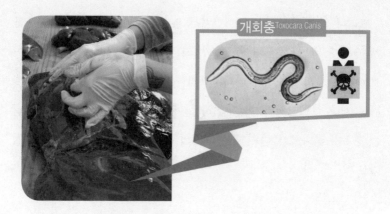

▲ 소의 생간에 있을 수 있는 개회충에 대한 주의가 필요하다.

돼지고기 스테이크를 미디움 굽기로 즐겨도 기생충으로부터 안전하다

　그렇다면 돼지고기는 어떻게 먹어야 기생충으로부터 안전할까? 미국 질병관리본부CDC는 염장하기, 건조하기, 훈제하기, 꽁꽁 얼리기 등 돼지고기의 기생충을 없애는 다양한 조리 방법을 소개하고 있는데, 그중 가장 추천하는 것은 그저 '잘 익혀 먹는 것'이다. 고기의 심부 온도가 63℃가 될 때까지 가열한 뒤 3분 정도 그대로 두어서Resting* 고기에 충분히 열이 가해지게 조리하라고 권장한다.

● 조리 기구에서 꺼낸 고기를 그대로 두고 높은 연기 고기에 남아 있도록 하는 것

그러나 일반 가정이나 음식점에서 온도계를 사용하는 경우가 드물기 때문에, '푹 삶거나 바싹 구우면 되는 거 아냐?'라고 생각하는 것이 보통이다. 특히 고깃집에서 돼지고기를 먹을 때는 완전히 익었는지 몇 번을 계속 확인하거나, 마음 편하게 아주 바삭거릴 정도로 구워버리는 경우가 많다. 그렇다면 과연 63℃의 심부 온도는 어느 정도일까? 정말로 '푹', '바싹' 익혀야 할까?

2011년 미국 농무부USDA는 안전하게 돼지고기를 섭취하기 위해 권장하는 익힘 온도를 160℉(71℃)에서 145℉(63℃)로 15℃ 낮추었는데, 63℃는 기존 쇠고기의 권장 익힘 온도와 같다. 굽기 온도는 명확한 기준이 정해져 있는 것이 아니라 조리사 별로 약간의 차이가 있지만, 돼지 스테이크의 경우 일반적으로 미디움 및 미디움 웰은 60~70℃ 범위에 있다. 즉, 미디움과 미디움 웰 사이 굽기 정도면 충분히 돼지고기 속 기생충을 박멸할 수 있으니, 무조건 완전히 익혀야 한다는 고정관념에서는 조금 벗어나도 된다.

	레어	미디움 레어	미디움	미디움 웰	웰 던
쇠고기 및 양고기	46~51℃ (115~125°F)	51~57℃ (125~135°F)	57~63℃ (135~145°F)	63~68℃ (145~155°F)	68~71℃ (155~160°F)
돼지 고기	-	-	60~63℃ (140~145°F)	63~68℃ (145~155°F)	68~71℃ (155~160°F)

▲ 고기 굽기 정도에 따른 고기 심부 온도

실제로 외국에서는 안쪽에 핑크빛이 도는 미디움 굽기의 돼지고기 스테이크를 판매하고 있고, 부드러운 맛과 풍부한 육즙 덕에 인기를 얻고 있다고 한다. 물론 아직 핑크빛 돼지고기를 먹는다는 게 어색한 것은 사실이지만, 딱딱할 정도로 익힐 필요는 없다고 말하고 싶다. 앞으로는 '푹' 또는 '바싹'보다는, '잘' 익혀 먹기라는 정도로 기생충 걱정 없이 돼지고기 먹는 방법을 생각해 보아도 좋겠다.

시중 유통 고기의 기생충은 '멸종 진행 중'이다

고기에 위험한 기생충들이 있을 수 있다고 하는데, 우리 식탁에 오르고 있는 고기들은 어떨까? 아무리 안전하게 먹는 방법이 있다고는 하지만, 막상 내가 즐겨 먹는 고기에 기생충이 있다고 생각하면 기분이 나쁘다. 새삼 어제 먹었던 고기가 달리 보이고, 고기 먹기가 무서워지는 분들도 있을 것 같다. 그렇지만 너무 걱정할 필요는 없다. 현재 우리나라 시중 유통 축산물의 기생충은 거의 멸종 상태에 가깝기 때문이다.

실제로 90년대 이후 국내에서 고기의 기생충으로 인한 사건·사고는 거의 없다. 그나마 간간이 발생했던 기생충 감염 사고는 모두 야생 동물에 의해서 발생한 것으로, 시판되는 고기의 경우 발병률도 낮은데 심지어 잘 존재하지도 않아 국내 기생충 학자들의 관심조차 받지 못하고 있다. 과거에는 축사 근처에서 인분 비료를 사용하거나, 기생충에 오염된 풀을 먹는 등 기생충이 가축에 오염될 여지가 충분했다. 그러나 축산업이 꾸준히 성장하고 관련 기술이 발전하면서 돼지에게 녹차를, 소에게 홍삼까지 먹이는 수준이 되었다.

청정한 사육 조건에서 철저히 관리된 사료만 먹이면서 가축을 기르기 때문에 생산지에서의 기생충 오염은 드문 일이 되었다. 더욱이 생산 후 이중, 삼중의 검사 및 검역 관리를 거치기 때문에 기생충 관련 질병 발생의 싹을 이미 자른 셈이다. 따라서 소비자들이 시중에서 구입하는 고기는 기생충으로부터 '안전'이라는 평점을 줄 수 있겠다. 이

처럼 시중 유통 고기는 기생충으로부터 충분히 안전하니, 올바른 조
리법을 잘 알고 적용하면 걱정 없이 즐길 수 있다.

고기와 기생충, 이것만 알아도 충분하다!

1. 기생충이라고 무조건 위험한 것은 아니다.

2. 소의 생간은 특히 섭취에 주의하자.

3. 돼지고기 스테이크를 미디움 굽기로 즐겨도 기생충으로부터 안전하다.

4. 시중 유통 고기의 기생충은 '멸종 진행 중'이다.

5. 억울한 아질산염, 그 오해와 진실

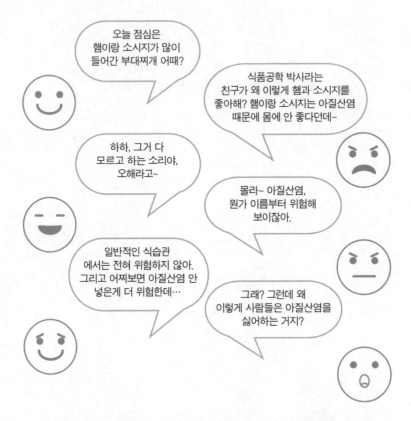

어느 점심시간, 필자와 친구의 햄과 소시지에 대한 대화를 떠올려

보면 친구는 아질산염에 대한 막연한 반감을 가지고 있었다. 아질산

염, 건강에 관심이 있는 소비자라면 한 번쯤은 들어봤을 것이다. 이름만 들어도 인위적으로 만들어진 합성 화학물질인 것 같아 저절로 거부감이 생기는 모양이다. 실제로 식품 첨가물 중 소비자들이 가장 피하고 싶은 식품 첨가물이 무엇인지 물어보니, 이산화황에 이어 두 번째를 차지할 정도다[*].

• 1위: 이산화황, 2위: 아질산염, 3위: 식용 색소류, 4위: MSG (출처: 식품첨가물 안심하세요, 2013, 식품 의약품 안전처)

아질산염은 기원전 9세기경 호메로스의 서사시에서도 육제품에 사용되었다고 기술되었을 정도로 그 역사가 매우 오래되었다. 우리나라에서도 아질산염이 주는 많은 장점 때문에 과거에는 대부분의 햄과 소시지에 아질산염이 사용되었다. 하지만 아질산염에 대한 소비자의 우려와 기피가 심해지면서 기업에서는 아질산염을 첨가하지 않은 제품을 만들고자 노력하고 있다. 아질산염, 정말 건강에 해를 끼치니 사용하면 안 되는 것일까? 지금부터 아질산염에 대한 오해와 진실에 대해서 알아보자.

아질산염을 왜 넣는 것일까?

아질산염은 햄과 소시지의 색, 향, 맛을 더 좋게 하고

아질산염이 기업의 이익을 위해서만 사용되지는 않아.

무엇보다 위험한 식중독 세균을 억제해.

육가공품은 식육을 정형, 염지한 후 숙성, 건조, 훈연, 가열과 같이 가공 처리한 식품을 의미하며, 햄과 소시지가 대표적이다. 식육을 염지하는 과정에서 맛과 향을 더 좋게 만들기 위해 다양한 양념(천일염, 고추장, 양파, 마늘 등)이 첨가되는데, 이때 아질산염도 첨가된다.

아질산염을 왜 넣는 것일까? 자, 햄과 소시지를 머릿속으로 그려 보자. 여러분의 머릿속에 떠오른 햄과 소시지는 무슨 색인가? 대부분은 먹음직스러운 분홍색, 붉은색을 떠올릴 것이다. 날고기의 붉은색은 미오글로빈이라는 육색소 때문에 나타난다. 햄과 소시지를 만들기 위해 고기를 갈거나(산소에 노출) 가열하게 되면 미오글로빈은 본연의 색을 잃어버리게 된다. 아질산염을 고기에 첨가하면 미오글로빈과 결합하여 고기의 붉은색을 안정화시키고 선명하게 만든다. 즉, 아질산염은 색을 가지고 있지 않아 단독으로는 색을 만들 수 없지만, 고기의

▲ 햄, 소시지와 같은 다양한 육가공품

붉은 색을 유지할 수 있도록 하는 것이다. 이에 우리는 아질산염을 발색제라고 부른다. 아질산염이 색을 만든다거나 헤모글로빈을 파괴한다는 소리를 들어본 적이 있다면, 이는 잘못된 정보다. 색 안정화 외에도 지용성 성분의 산화를 막고 제품의 맛, 향, 식감을 더 좋게 만든다.

아질산염의 첨가는 우리가 햄과 소시지를 더 안전하게 먹을 수 있도록 해 준다. 18세기 후반 독일에서 완전히 익지 않은 소시지를 먹은 사람 중 절반 이상이 사망하는 사고가 발생했다. 밝혀진 사망 원인은 바로 소시지에 오염되어 있던 클로스트리듐 보툴리누스Clostridum Botulinum 라는 세균 때문이었다. 이 세균은 매우 치명적인 독소*를 생성하는데, 이 독소는 1그램만으로도 100만 명 이상을 죽일 수 있어 현재까지 알려진 천연독 중 독성이 가장 강하다. 육가공업체에서 햄과 소시지를 만드는 데 아질산염을 넣는 가장 큰 이유는 바로 아질산염이 보툴리누스균의 증식을 억제할 수 있는 가장 효과적인 방법이기 때문이다. 아질산염은 이 외에도 리스테리아균, 살모넬라균과 같은 다양한 식중독 세균의 증식을 억제한다.

* 우리가 알고 있는 보톡스는 이 세균의 독소를 분리, 정제 후 매우 소량으로 희석하여 피부 미용을 목적으로 사용하고 있는 것이다.

아질산염은 왜 소비자들의 괄시를 받게 되었을까?

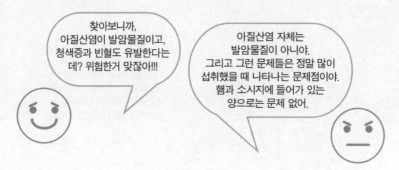

찾아보니까,
아질산염이 발암물질이고,
청색증과 빈혈도 유발한다는
데? 위험한거 맞잖아!!!

아질산염 자체는
발암물질이 아니야.
그리고 그런 문제들은 정말 많이
섭취했을 때 나타나는 문제점이야.
햄과 소시지에 들어가 있는
양으로는 문제 없어.

아질산염 자체는 발암 물질이 아니지만, 단백질의 아민과 결합하여 니트로소아민이라는 물질을 생성한다. 이 물질은 암을 유발할 가능성이 있는 것으로 알려져 있다(현재 인체에서의 발암성은 확실하게 검증되지는 않았다).

또한 아질산염이 인체 내 헤모글로빈과 결합하면서 산소 공급이 잘되지 않아 빈혈이나 청색증*이 나타날 수 있다. 하지만 체내에서 아질산염이 니트로소아민으로 전환되는 비율은 극히 낮으며 빈혈과 청색증은 상식적인 수준보다 훨씬 과량으로 섭취할 때만 나타난다. 현재까지 식품에 첨가된 아질산염을 먹고 문제 된 사례는 없다.

• 청색증: 피부와 점막이 푸른색으로 나타나는 것으로, 산소와 결합하고 있지 않은 환원 헤모클로빈의 양이 증가할 때 나타난다. 일반적으로 혈중 산소 농도 저하나 이산화탄소 농도의 상승을 의미한다.

아질산염이 첨가된 햄과 소시지는 얼마나 먹어도 괜찮을까?

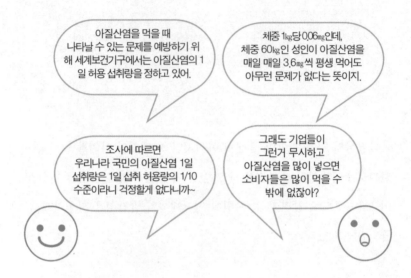

식품첨가물에 의한 피해를 막고자 식품 과학자들은 '1일 섭취 허용량'을 정하고 있다. 아질산염의 1일 섭취 허용량은 0.06mg/kg으로, 체중 60kg인 성인이 아질산염을 3.6mg씩 매일 섭취해도 인체에 아무런 문제가 없다는 뜻이다.

식품 의약품 안전처에서 우리나라 국민의 아질산염 1일 섭취량을 조사한 결과 1일 섭취 허용량의 1.5% 수준이었다고 하니, 우리가 일반적으로 섭취하는 양은 매우 적다고 할 수 있겠다.

우리나라에서는 육가공품의 아질산염을 어떻게 관리할까? 실제로 육가공품에 아질산염이 얼마나 들어 있고, 얼마나 섭취하고 있을까?

우리나라 보건당국이 허술하게 관리하지는 않아. 다른 나라와 비교해 봐도 우리나라는 아질산염 사용량을 엄격하게 관리하고 있어.

또 기업들도 아질산염을 최소량만 쓰려고 노력하지. 아질산염을 최고로 많이 써도 법적 기준의 2/3 수준이었어.

식품 의약품 안전처에서는 안전하다고 입증된 것만을 식품 첨가물로 허가하고 있으며 첨가 허용량을 정하여 관리하고 있다. 아질산염의 경우 최종 제품에서의 잔류량을 관리하고 있는데, 미국에서는 0.2g/kg 이하, 유럽 연합은 0.05~0.175g/kg 이하, 국제 식품 규격 위원회에서는 0.05~0.125g/kg 이하로 허용하고 있다. 이에 반해 우리나라는 0.07g/kg으로 엄격한 수준이다.

그렇다면, 이 기준은 잘 지켜지고 있을까? 한국 보건 산업 진흥원에서 우리나라에 유통 중인 햄, 소시지, 베이컨의 아질산염 잔류량을 측정해 보니, 평균적으로 햄류 0.009, 소시지류 0.009, 베이컨류 0.006g/kg으로 법적 기준보다 훨씬 적은 양이 들어 있었고, 최대량이 소시지에서 0.046g/kg으로 관리 기준치의 3분의 2수준으로 나타나 모든 제품에서 기준치보다 낮았다.

체중이 60kg인 성인이 하루 동안 아질산염이 들어간 햄 200g(평균인 0.009g/kg의 아질산염이 들어있다고 가정)을 먹었다고 하자. 이는 1.8kg의 아질산염을 먹은 것을 의미하며 1일 섭취 허용량 3.6kg의 절반에 해당하는 양이다. 또한 1일 섭취 허용량은 장시간에 걸쳐 그 이상으로 섭취했을 때 문제가 된다는 것이므로 일시적으로 1일 섭취 허용량을 넘겨 섭취하는 것은 건강상 큰 문제가 되지 않는다.

어린이에게는 주의가 필요하다

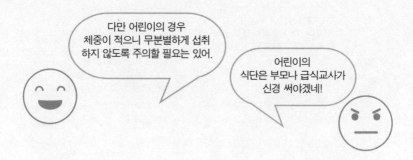

다만 어린이의 경우 체중이 적으니 무분별하게 섭취하지 않도록 주의할 필요는 있어.

어린이의 식단은 부모나 급식교사가 신경 써야겠네!

하지만 어린이의 경우 체중이 성인보다 적기 때문에 주의를 할 필요가 있다. 체중이 20kg인 어린이의 아질산염 1일 섭취 허용량은 1.2kg이기 때문에 133g 이상의 육가공품(아질산염 0.009g/kg 함유)을 한 번에 많이 먹으면 허용량을 초과한다. 성인 기준으로 고기 200g이 1인분임을 생각하면 이 양은 꽤 많게 느껴진다. 소시지에 들어 있는 아질산염의 최대량은 0.046g/kg으로 조사되었는데, 이 경우 체중 20kg인 어린이가 26g 이상의 햄을 먹을 때 1일 섭취 허용량을 초과하게 된다. 만약 아이들이 햄이나 소시지를 먹고 싶은 대로 무분별하게 먹는다면 부모와 급식 교사가 많이 먹어서는 안 되는 이유를 설명하면서 올바른 식생활을 지도해야 한다.

아질산염은 햄과 소시지에만 있는 걸까?

많은 사람들이 햄과 소시지가 아질산염의 유일한 공급원이라고 생각한다. 하지만 우리는 햄과 소시지를 먹지 않더라도 일상 식단에서 자연스럽게 아질산염을 섭취하고 있다.

자연계, 특히 시금치, 쑥갓, 아스파라거스, 청고추, 무 등의 채소에는 질산과 아질산이 많이 존재하고 있고 우리 입에서 아질산염으로 바뀐다. 채소를 주로 섭취하는 우리의 식단에서는 육제품으로부터 섭취하는 아질산염의 양보다 채소로 인해 섭취하는 양이 더 많은 것으로 알려져 있다.

▲ 질산과 아질산이 많이 함유되어 있는 채소: 시금치, 쑥갓, 그린 아스파라거스, 청고추, 무 등

아질산염 자체의 독성보다는 섭취량의 문제이다, 안심하고 먹자

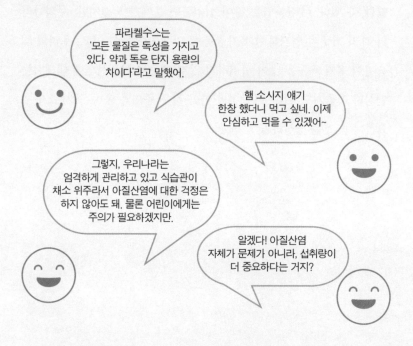

파라켈수스는 '모든 물질은 독성을 가지고 있다. 약과 독은 단지 용량의 차이다'라고 말했어.

햄 소시지 얘기 한창 했더니 먹고 싶네. 이제 안심하고 먹을 수 있겠어~

그렇지, 우리나라는 엄격하게 관리하고 있고 식습관이 채소 위주라서 아질산염에 대한 걱정은 하지 않아도 돼. 물론 어린이에게는 주의가 필요하겠지만.

알겠다! 아질산염 자체가 문제가 아니라, 섭취량이 더 중요하다는 거지?

아질산염을 아예 햄과 소시지에 첨가하지 않으면 어떻게 될까? 아질산염을 첨가하지 않으면 세균의 증식을 저해할 수 없기 때문에 제품의 유통 기간이 짧아지고 변질이 쉽게 나타날 수 있다. 결과적으로 관리 비용을 상승시켜 제품 가격이 비싸질 것이며 보툴리누스균에 의한 심각한 식중독이 발생할 수 있다.

의화학의 창시자 파라켈수스는 '모든 물질은 독성을 가지고 있다. 독성이 없는 물질은 없다. 약과 독은 단지 용량의 차이일 뿐이다'라고 말한 바 있다. 아질산염을 많이 섭취하면 문제가 되겠지만, 우리나라의 관리 기준이 엄격하여 육가공품에 미량으로 들어 있고, 우리의 식습관이 육가공품을 많이 섭취하지 않기 때문에 아질산염에 대해서는 안심하고 즐겨도 된다. 다만 어린이의 경우 주의와 올바른 지도가 필요하다는 것을 명심하자.

PART 4

도전,
고기 전문가

아낌없이 주는 고기
국내산 쇠고기면 모두 한우다?
삼겹살 외 다른 부위도 사랑해 주세요
마이오글로빈, 고기 색을 지배하는 자
행복한 동물의 행복한 맛

1. 아낌없이 주는 고기

살점만 고기가 아니다

비단 동물의 살점만 식육으로 소비되는 것은 아니다. 가축을 도축했을 때 뼈와 고기를 제외하고 남은 부분 중 식용 가능한 것들이 있는데 이것을 식육 부산물이라 한다. 소, 돼지, 양의 경우 식육 부산물은 생체의 20~30% 정도이고 닭의 경우에는 5~6% 정도가 나온다. 대부분의 부산물은 적당한 세척이나 가공 공정을 거쳐 먹을 수 있지만, 관습과 문화, 종교 등의 이유로 실제 식품으로 이용되는 것은 간, 심장, 혀, 위, 혈액 등으로 제한적이다. 그나마 나머지는 사료용 원료로 쓰이거나 폐기된다.

식육 자원으로써 식육 부산물은 영양적, 경제적 가치가 우수한 식품이다. 많은 식육 부산물들은 단백질, 지방, 무기질, 비타민, 지방산 등을 함유하고 있어 영양학적 가치가 우수하다고 평가되고 있다. 특히 식육 부산물이 함유된 소시지에 대해 일반 소비자들은 거부감을 가지기 쉽지만, 오히려 살코기만으로 생산한 소시지보다 영양 성분은 더 풍부하다는 사실! 근육뿐 아니라 맛있고 영양가 높은 다른 부위들까지 제공해 주니 가히 아낌없이 주는 고기라 할 수 있겠다.

맛있는 식육 부산물, 부위별로 알아보자

우리나라 사람들은 다른 나라에 비해 식육 부산물을 많이 선호하는 편이다. 소주 한잔 하러 갈 때면 곱창, 순댓국, 닭똥집 등 식육 부산물을 이용한 안주들을 많이 찾는다.

그런데 부산물의 종류가 워낙 다양하고 일반적으로 조리할 때는 많이 쓰이지 않다 보니 지금 우리가 먹는 식육 부산물이 어느 부위인지 잘 모르거나, 잘못된 용어를 사용하고 있는 경우도 많이 있다. 맛있는 식육 부산물의 고유 명칭, 부위별로 한번 알아보자.

소는 위가 4개인 반추 동물*로 위치에 따라 명칭이 따로 붙는다.

소의 첫 번째 위를 양이라고 하는데 보통 양창, 양대창을 혼용하여 사용한다.

두 번째 위도 양인데 벌집처럼 생겼다고 하여 벌집양이라고 부른다. 지방질이 거의 없어 구이로 먹기에는 좋지 않고 국이나 전골에 사용한다.

소의 세 번째 위는 고깃집에 갔을 때 생간과 함께 나오는 천엽이다.

* 위에 담아 둔 음식을 되새김질하여 소화시키기 때문에 되새김 동물이라고도 한다.

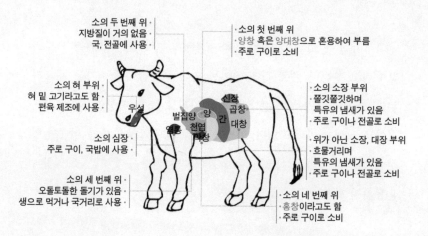

소의 두 번째 위·
지방질이 거의 없음·
국, 전골에 사용·

·소의 첫 번째 위
·양창 혹은 양대창으로 혼용하여 부름
·주로 구이로 소비

소의 혀 부위·
혀 밑 고기라고도 함·
편육 제조에 사용·

·소의 소장 부위
·쫄깃쫄깃하며
 특유의 냄새가 있음
·주로 구이나 전골로 소비

소의 심장·
주로 구이, 국밥에 사용·

·위가 아닌 소장, 대장 부위
·흐물거리며
 특유의 냄새가 있음
·주로 구이나 전골로 소비

소의 세 번째 위·
오돌토돌한 돌기가 있음·
생으로 먹거나 국거리로 사용·

·소의 네 번째 위
·홍창이라고도 함
·주로 구이로 소비

▲ 쇠고기 부산물의 부위별 명칭 및 용도

구이로 먹기보다는 잘 손질하여 생으로 많이 믹는나.

소의 네 번째 위가 바로 막창인데 붉은색을 띠고 있다고 하여 홍창
이라고도 부른다.

그 외에 소의 소장 부위는 곱창, 위가 아닌 소장, 대장 부위는 대창
이다.

돼지의 경우 소와 달리 위가 하나밖에 없는데 돼지의 위를 '오소리
감투'라고 부른다. 주로 잘게 썰어서 순대나 국밥에 들어가는 재료가
된다. 돼지의 소장, 대장은 소와 마찬가지로 곱창, 대창이라고 부르며
구이로 많이 소비되고 있다. 인기가 많은 돼지 막창은 대장 뒤에서 항
문에 이르는 직장을 이르는 말이다. 마지막 위장을 뜻하는 소 막창과
혼동하지 말자.

알고 싶어요!

양곱창에 대한 흔한 오해. 양곱창은 양의 곱창이다?

양곱창의 '양'은 동물을 뜻하는 것이 아니라 소의 위장을 이르는 말이다. 곱창은 소장 부분을 뜻하는 것으로, 즉 양곱창은 소의 위와 소장의 일부 부위를 지칭하는 용어다. 일반적으로 양창 소의 제1위과 혼용하여 부른다.

 알고 싶어요!

닭똥집은 닭의 배설물이 있었던 장이다?

정답은 '아니다.' 닭은 해부학적으로 이빨을 가지고 있지 않아 단단한 먹이를 씹을 수 없다. 보통 닭이 모이 이외에 흙이나 모래 등을 먹는 것을 쉽게 관찰할 수 있는데, 이는 이빨이 없어 근위 筋胃에서 단단한 먹이를 분쇄하기 위해서이다. 근위란 먹이를 저작하기 위한 단단한 근육으로 이루어진 소화 기관으로 우리나라에서는 흔히 '똥집'으로 부른다. 근위의 올바른 명칭은 '모래주머니'다. 주로 구이나 꼬치로 소비되고 있다.

2. 국내산 쇠고기면 모두 한우다?

돌발 퀴즈~! 쇠고기 판매점에서 한우인지 아닌지를 구별하기 위해 주인에게 물어야 할 질문은?

① 이거 한우 맞나요?   ② 이거 국내산 맞죠?

정답은? ①번. 왜? '**한우**'는 '**소의 품종**'을 말하는 것이고, '**국내산 쇠고기**'는 '**원산지**'를 말하는 것으로 구분 기준부터 다르다.

한우, 우리나라 고유의 소 품종!

한우는 우리나라에서 농사일을 돕기 위한 '역(力)용종'으로 길러지다가, 고기 생산을 위한 '육(肉)용종'으로 길러지게 된 경우이다. 아직도 한적한 시골에서는 논밭에서 쟁기를 끄는 역용종으로 이용되는 한우를 볼 수 있다. 그러나 우리가 음식점에서 먹는 한우는 육용종으로, 태어날 때부터 고기 생산을 위해 전문적으로 길러진 소이다.

'**한우**韓牛, Korean native cattle'는 그 이름에서 알 수 있듯 우리나라에서 생산되고 길러지는 '**한국 고유의 소 품종**'이다. 한우의 대표적인 모습은

연한 갈색의 털을 가진 황소, 일명 '누렁이'다. 시골 길을 지나갈 때 흔히 볼 수 있는 소를 떠올리면 된다. 그러나 황소 외에도 검은색 털을 가지고 있는 흑소꺼멍소 또는 검정소, 누렁 무늬와 칡색 무늬가 번갈아 나타나는 칡소얼룩배기 또는 얼룩소도 한우이다. 흑소에는 제주 흑우가 있으며, 칡소는 길러지기는 하지만 매우 보기 어려운 소이다.

한우는 다른 쇠고기에 비해 '마블링Marbling'이라고 하는 근내 지방도가 높아 쇠고기 내에 지방이 골고루 분포하고 있다. 또한 지방산 중에서 올레산Oleic Acid의 함량과 아미노산 중 메티오닌Methionine, 시스테인Cysteine, 글루탐산Glutamic Acid의 함량이 높다. 이들은 고기의 맛을 결정하는 중요한 요소이며, 이러한 차이점이 우리가 선호하는 한우만의 맛을 나타내는 것으로 알려져 있다.

▲ 흑소 제주 흑우*

▲ 황소누렁이 한우

▲ 칡소*

● 문화재청 홈페이지
● http://m.wikitree.co.kr/main/news_view.php?id=148080

국내에서 태어난 소만 국내산 쇠고기?

국내산 쇠고기는 '원산지'를 구분하는 개념이다. '**우리나라에서 생산된 쇠고기**'를 '**국내산 쇠고기**'라 하며, '**외국에서 생산되어 수입된 쇠고기**'는 '**수입산 쇠고기**'라고 한다.

한우는 우리나라에서 태어나 길러졌기 때문에 당연히 '국내산'이다*. 그렇다면 외국에서 수입된 한우는? 만약 한우가 외국으로 수출되어 외국에서 길러지고 가공되어 다시 수입된다면 수입산 한우가 맞다. 그러나 한우는 아직까지 소 그 자체로 외국에 수출된 경우가 없다. 따라서 아직까지 한우는 국내산만 존재한다.

- 예시: 등심(국내산, 한우)
- 예시: 등심(국내산, 육우)
- 예시 : 등심(국내산 육우, 호주)

한우가 아니더라도 국내에서 길러진 '육용종', '교잡종', '유용종'에서 생산된 쇠고기도 모두 국내산이며 육우로 분류한다*. 또한 외국에서 태어났더라도 국내로 수입되어 6개월 이상 길러진 소에서 생산된 쇠고기도 국내산 육우로 취급하며, 이때에는 반드시 소를 수입한 국가를 표시해 주어야 한다*. 육용종은 대부분 외국에서 수입된 품종으로 와규Wagyu, 에버딘

▲ 홀스타인*

- 위키백과Wikipedia

앵거스Aberdeen Angus, 샤롤레Charolais, 헤리퍼드Hereford, 리무진Limousine, 쇼트혼Shorthorn, 브라만Brahman 등이 있다. 교잡종은 육용종과 한우를 교배시킨 것을 말한다.

홀스타인Holstein 품종은 일반적으로 원유 생산을 위해 길러지는 '유용종'에 속한다. 우리가 원유를 생산하는 농장에서 흔히 볼 수 있는, 흰 바탕에 검은 얼룩이 있는 소가 바로 홀스타인이다. 홀스타인이 수컷이면 원유를 생산할 수 없기 때문에 쇠고기 생산을 위해 길러지며, 이를 육우 고기라고 한다. 암컷의 경우에는 일반적으로 송아지와 원유를 생산하기 위해 길러진다. 그러나 더 이상 원유 생산이 불가능해지면 도축하여 고기를 생산하며, 이 고기를 젖소 고기라 한다*.

● 예시 : 등심(국내산, 젖소)
● 출처: 육우 자조금 관리 위원회 공식 블로그

육우

젖소(암컷)

▲ 육우와 젖소의 차이*

국내산 쇠고기

- 한우고기: 순수한 한우에서 생산된 고기
- 육우고기: 육용종, 교잡종, 젖소수소 및 송아지를 낳은 경험이 없는 젖소 암소, 검역계류도착일로부터 6개월 이상 국내에서 사육된 수입생우에서 생산된 고기 (반드시 수입국가명을 함께 표시)
- 젖소고기: 송아지를 낳은 경험이 있는 젖소암소에서 생산된 고기

한우 vs 국내산 쇠고기

- 한우: 우리나라 고유의 소 품종
- 국내산 쇠고기: 원산지가 국내인 쇠고기
- 한우는 국내산 쇠고기? (o)
- 국내산 쇠고기는 한우? (x)

정리해 보면 한우는 '품종'을 구분하는 개념으로 우리나라 고유 품종을 말하며, 국내산은 '원산지'를 구분하는 개념으로 우리나라에서 생산된 고기를 의미한다. 즉, 국내산 쇠고기가 모두 한우는 아니다.

와규는 뭐예요?

최근 높은 마블링으로 일반 사람들에게 맛있는 고기로 알려진 와규 Wagyu 또는 화우和牛. 이 와규를 판매하는 곳에 가서 원산지를 살펴보면 호주산 와규가 있고, 일본산 와규가 있다. 무엇이 다른 걸까?

와규는 한우처럼 소 품종 중 하나로 일본산 육용종이다. 이러한 일본산 소 품종인 와규를 호주에서 수입하여 사육하고 고기를 생산해 수출하면 호주산 와규가 되는 것이며, 일본에서 사육하고 고기를 생산하여 수출하면 일본산 와규가 되는 것이다.

기억하자! 국내산, 호주산, 일본산 등은 원산지이며, 한우, 와규는 소 품종이라는 것을!

알고 싶어요!

한돈은 우리나라 고유의 돼지 품종?

한우는 우리나라 고유의 소 품종이라는 것을 알았다. 그렇다면 한돈은 우리나라 고유의 돼지 품종일까? 대답은 "아니오"다. '**한돈**'이란 '**우리 국산 돼지고기**'를 지칭하는 단어이다. 우리나라에서 생산되는, 국내산 돼지고기라는 것을 강조하고, 그 우수성을 소비자들에게 쉽게 나타내기 위해 만든 단어이다. 혼돈하지 말자! 한우는 우리나라 고유의 소 품종! 한돈은 우리나라에서 생산되는 국내산 돼지고기!

▲ 한돈 마크°

° 출처: 한돈 자조금
관리 위원회

3. 삼겹살 외 다른 부위도 사랑해 주세요

바삭바삭한 튀김옷과 그 속에 감추어진 촉촉하고 부드러운 속살의 치킨, 그리고 시원한 생맥주… 선홍빛 바탕의 쇠고기에 살포시 내려앉은 눈꽃의 마블링… 고소한 향을 흩뿌리며 맛있게 익어 가는 두툼한 삼겹살과 시원한 소주 한 잔…

오늘 회식이 있다면 당신의 선택은? 개인의 취향에 따라 다양하겠지만, 대한민국 국민들은 고기를 먹는 데 있어 독특한 특성을 보인다. 그런데 그 특성이 지나치면 당신의 건강이 위험해질 수 있다.

돼지고기 좋아! 삼겹살 사랑해!

한국인들은 2013년에 1인당 42.8kg의 고기를 먹었다[*]. 고기를 주식으로 하는 미국의 약 3분의 1, 유럽 연합의 약 2분의 1 수준이며, 이웃 나라인 중국, 일본과 비교해도

● 한국육류유통수출입협회 2014 식육 편람

적게 먹는 편이지만, 꾸준히 증가하는 추세여서 앞으로 고기를 더 많이 먹을 것으로 보인다.

한국인이 가장 많이 먹는 고기는 돼지고기로, 총 고기 섭취량의 절

반 수준이다. 돼지고기 섭취량만을 기준으로 하면 우리나라는 세계에서 7번째, 아시아에서는 중국(홍콩 포함)과 대만Taiwan에 이어 3번째로 큰 돼지고기 소비국이다. 대한민국에서 돼지는 삼겹살, 목살, 갈비살, 등심, 안심, 전지앞다리, 후지뒷다리 등 7개 부위로 가공된다. 우리나라 소비자들은 다른 나라와는 달리 고기를 불에 '**직화 구이**'로 조리해 먹는 것을 좋아하고, '**삼겹살**', '**목살**' 부위를 유난히 좋아한다. 한국인의 식품 소비 행태*를 보면 구이용으로 삼겹살을 선호하는 비율이 81%로 압도적으로 높았다. 목살은 구이용으로 두 번째, 찌개나 반찬용으로는 선호도(36.8%)가 가장 높았다. 이처럼 우리나라 소비자들은 특정 부위를 편애하며, 삼겹살, 목살을 '**선호 부위**', 등심, 전지, 후지 등을 '**비선호 부위**'로 구분한다. 그러나 삼겹살과 목살에 대한 사랑이 너무 지나치면 우리의 건강이 나빠질 수 있다.

● 한국농촌경제연구원 식품 소비 행태 조사

▲ 삼겹살은 지방과 고기가 세 번 겹쳐져 있다고 해서 붙은 이름이다. 삼겹살은 비타민 B군, 필수 아미노산, 각종 미네랄이 풍부하지만, 과도한 지방이 문제로 지적된다.

삼겹살 짝사랑, 내가 너무 아파요…

잠시 삼겹살을 상상해 보자. 선홍빛 고기보다 지방이 먼저 떠오르지 않는가?

삼겹살과 목살은 다른 부위에 비해 지방 함량이 매우 높다. 그래서 지방이 많은 삼겹살, 목살과 대비하여 등심, 전지, 후지 등의 <u>비선호 부위</u>를 '**저지방 부위**'라고도 한다. 특히 삼겹살의 지방 함량은 부위에 따라 차이가 있지만, 보통 약 30% 내외로, 모든 고기를 통틀어 가장 많다고 해도 과언이 아닐 것이다.

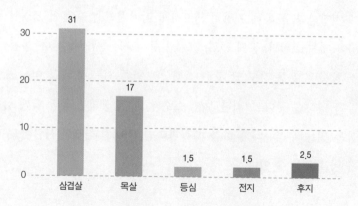

▲ 선호 부위와 비선호 부위의 지방 함량* (단위 : %)

지방이 나쁜 것만은 아니다. 삼겹살을 먹을 때에 　　•출처: 농협 연구소
는 맛과 향을 좋게 하고, 우리 몸에서는 조직의 구성 성분이자 생리 활

성 물질을 만들기 위힌 재료로 쓰이기도 한다. 그러나 '**지나친 지방 섭취**'는 우리 몸속 지방을 증가시키고, 비만, 동맥 경화, 심장 질환 등의 가능성을 높인다.

탄수화물과 단백질이 1g당 4kcal의 열량을 발생시키는 반면에 지방은 1g당 9kcal의 열량을 발생시킨다. 그래서 지방은 매우 효율적인 에너지원이 될 수 있다. 그러나 '**지나치게 많은**' 양의 지방을 '**지속적으로**' 섭취하면 우리 몸은 과도한 열량을 다 소모하지 못하고 오히려 몸속에 저장한다. 몸속에 지방이 과도하게 많아지면 우리 몸의 생리적 균형이 깨지고 비만, 동맥 경화, 고혈압 등 질병이 생기게 된다. 물론 평소 활동량, 운동 강도 및 횟수, 삼겹살과 함께 먹는 음식 등 다른 요인들이 영향을 준다. 그러나 보통 소주와 밥, 된장찌개 등과 함께 삼겹살을 먹는 우리나라 문화를 생각한다면 '**지나친 삼겹살 사랑**'은 우리를 병들게 할 수 있다.

지나친 삼겹살 사랑이 우리 축산 농가를 아프게 해요

돼지 한 마리를 가공하였을 때 생산되는 7개 부위 중 삼겹살과 목살은 다른 부위에 비해 적은 양이 생산된다. 그러나 우리가 삼겹살과 목살을 너무 사랑하여 과도하게 먹으면 공급량이 부족해져 자연스럽

게 가격이 오른다. 반대로 등심과 같은 비선호 부위는 소비가 적어 오
히려 남게 되고, 냉동 창고에 보관되면서 보관 비용이 추가로 발생된
다. 이런 상황에서 축산업자들과 유통업자들은 돼지 사육, 가공, 유통
에 들어가는 비용을 확보하고 이윤을 남기기 위해 소비가 많은 삼겹
살과 목살의 가격을 더욱 높여 판매해 삼겹살 먹기가 힘들어진다.

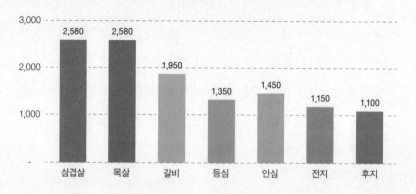

▲ 2014년 대형 마트 기준 돼지고기 부위별 판매 가격 (단위 : 원/100g)*

● 출처: 농촌진흥청
국립축산과학원

　삼겹살과 목살의 부족한 공급량은 미국, 덴마크
등으로부터 수입하는데, 이들은 돼지고기 생산 단가가 국내에 비해
매우 낮아 가격이 저렴하다. 값싼 수입 돼지고기는 우리 소비자들을
유혹하고 우리를 수입산의 노예로 만들어 우리나라 축산 농가를 울
상 짓게 할 수도 있다. 게다가 비양심적인 사람들이 비선호 부위를 마

치 값비싼 삼겹살인 것처럼 속여 파는 문제도 생긴다. 결국 **'지나친 삼**
겹살 사랑'은 **'질병과 사회 문제의 부메랑'**이 되어 돌아올 수 있다.

삼겹살에 대한 사랑을 골고루 나눠 주세요

그러나 우리도 사회도 건강해질 수 있는 방법이 있다.

첫 번째는 저지방 부위의 숨겨진 매력을 찾아내는 것이다. 국립축산
과학원은 우리가 '구워서' 맛있게 먹을 수 있는 부위를 전지에서 찾아
냈다. 또한 삶기, 볶기 등 다른 조리 방법으로 저지방 부위를 이용해
만든 한돈 국밥, 한돈 볶음 우동 등의 신메뉴도 개발하였다. 이러한
새로운 부위와 메뉴를 통해 우리들은 저지방 부위를 맛있으면서도 건
강하게 즐길 수 있다.

두 번째는 기존 제품과 차별화된 육제품을 저지방 부위를 활용해
만드는 것이다. 육가공 산업이 일찍부터 발달했던 서양에서는 돼지고
기 뒷다리후지를 이용하여 살라미Salami, 하몽Jamong과 같은 발효 소시지
와 생햄을 만들어 먹었다. 최근에는 우리나라에서도 '돼지 뒷다리를
이용'하여 '한국형 발효 햄'을 제조하는 등 저지방 부위를 활용하여 그
가치를 높이고 소비를 활성화하는 방법을 강구하고 있다. 삼겹살에 대
한 지나친 애정을 조금만 줄이고 다른 부위에 사랑을 나눠 준다면 맛

▲ 돼지 앞다리 구이용 부위 활용법

● 출처: 축산물품질평
가원 2014 축산물 유
통 실태

▲ 돼지 뒷다리를 이용하여 제조한
솔마당 지리산 생햄[*]

있는 고기를 먹으면서도 내 몸과 우리 사회
를 건강하게 지킬 수 있다.

알고 싶어요!

삼겹살과 오겹살은 다른 부위인가요?

삼겹살과 오겹살은 같은 부위이며, 차이점은 오겹살의 바깥쪽 부분에 삼겹살에 없는 껍질이 붙어 있다는 것이다. 예전에는 돼지를 가공할 때 털을 제거하기 위해 껍질을 벗겼으나, 최근에는 탕박 과정을 통해 털을 제거한다. 탕박은 뜨거운 물탕에 넣었다가 빼서 털만 제거하는 방법으로 가공 후 껍질이 남아 있다. 더구나 최근 돼지 껍데기의 쫄깃한 식감을 좋아하는 사람이 많아지면서 오겹살을 판매하는 음식점이 늘고 있다.

4. 마이오글로빈, 고기 색을 지배하는 자

우아한 분위기의 스테이크 전문 고급 레스토랑.

종업원 : 스테이크 굽기는 어떻게 할까요?

손님1 : 저는 레어로 해 주세요. 핏물 뚝뚝 떨어지도록…

손님2 : 저는 웰던으로 부탁해요. 피 보면 머리가 어지러워서…

주위에 생각보다 많은 사람들이 고기에서 나오는 수분을 붉은색이
라서 핏물이라고 부른다. 그러나 이것은 잘못된 표현이다.

핏물? 육즙! 붉은색? 마이오글로빈 때문이야!

고기는 동물의 근육으로부터 얻는 음식이다. 사람 몸의 약 70%가 수
분으로 구성되듯 근육도 내부에 약 70%의 수분을 가지고 있다. 근육
속에 존재하는 수분이 외부로 빠져나왔을 때 이 수분을 '육즙Drip'이라
고 한다. 따라서 고기의 표면에 맺히거나 고기에서 빠져나온 수분은 핏
물이 아니라 '육즙'이라고 부르는 것이 맞다.

▲ 급속 해동 후 고기에서 나온 육즙

그러면 육즙은 왜 붉은색인 걸까? 그 해답은 육색소에 있다. 고기에는 색을 나타내는 육색소들이 존재하며, 마이오글로빈Myoglobin, 헤모글로빈Hemoglobin, 카탈레이스Catalase, 시토크롬Cytochrome 등이 해당된다. 이중에서 카탈레이스와 시토크롬은 육색소로서 존재감이 미미하고, 헤모글로빈은 근육보다 주로 혈액에 존재하면서 붉은색을 나타내는 '혈색소'이다. 즉, 고기에 존재하는 총 색소 함량의 약 90%는 마이오글로빈이며, 고기의 붉은색은 이 마이오글로빈에 의해 결정된다. 그래서 보통 '**육색소**'라고 하면 '**마이오글로빈**'을 의미한다.

육색소인 마이오글로빈은 물에 잘 녹기 때문에 고기 내부의 수분에 녹아 있다. 요리를 위해 가열하거나 냉동 후 해동할 때처럼 고기에 물리적인 변화가 일어나면 고기 내부의 수분이 고기 밖으로 빠져나오게 된다. 빠져나오는 수분에는 마이오글로빈이 용해되어 있기 때문에 육즙이 붉은색으로 보이는 것이다.

마이오글로빈은 고기 색도 바꾼다

닭가슴살이 진열된 대형 마트 식육 코너…
엄마와 함께 쇼핑하던 아기가 닭가슴살을 가리키며 엄마에게 묻는다.

"엄마, 저거는 고기 아니야?"
"저것도 고기 맞아. 닭의 가슴살이야."
"이상하네. 쇠고기는 엄청 빨간데 왜 저건 하얗지??"

고기에는 육색소인 마이오글로빈이 있어서 붉은색을 나타낸다고 했는데, 같은 고기인 닭가슴살은 왜 백색일까? 정답은 고기에 들어있는 **'마이오글로빈의 양'**이 적기 때문이다. 닭가슴살에 마이오글로빈이 전혀 없는 것은 아니지만, 그 함량이 매우 적어 백색으로 보이는 것이다. 마이오글로빈 함량이 높을수록 붉은색이고, 낮을수록 백색에 가까운 색을 나타낸다. 보통 쇠고기가 돼지고기에 비해, 돼지고기는 닭고기에 비해 마이오글로빈 함량이 높다.

오랜만에 목에 기름칠 좀 하기 위해 A 씨는 퇴근길에 축산물 전문 마트에 들러 진공 포장된 쇠고기를 구입했다.

집에 도착해 쇠고기 먹을 생각에 입맛을 다시며 진공 포장을 찢고 쇠고기를 꺼냈는데…

이게 무슨 일인가… 천금 같은 돈을 주고 산 쇠고기가 적자색을 띠고 있었다.

돈 낭비했다며 땅을 치며 후회하다가 그래도 돈 주고 샀으니 먹자고 결심하며 다시 고기를 본 순간… 이건 또 무슨 일인가…

식탁 위의 고기가 아름다운 선홍빛을 발산하며 누워 있는 게 아닌가…

고기 색에 영향을 주는 것은 마이오글로빈 함량뿐만이 아니다. 고기 주변 환경과 산소 조건에 의해 고기 색이 변하는데, 이것은 **'마이오글로빈의 화학적 상태'**와 관련되어 있다. 마이오글로빈에는 철 원자가 존재하고 있고 철 원자는 환원 상태 또는 산화 상태로 존재하며 환원 상태일 경우 철 원자는 물 분자 또는 산소 분자와 결합할 수 있다. 그리고 그 상태에 따라 마이오글로빈은 다른 색을 나타낸다.

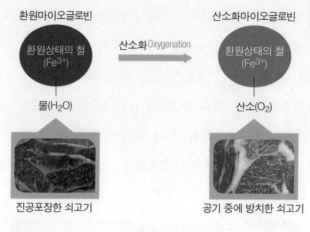

▲ 블루밍Blooming

고기 내부는 여러 효소들이 지속적으로 산소를 소비하면서 환원
상태를 유지하고 있어, 마이오글로빈의 철 원자도 환원 상태로 존재
하며 물 분자가 결합하고 있다. 이 마이오글로빈을 '**환원마이오글로빈**
Deoxymyoglobin'이라고 하며 이때는 '**적자색**'을 띤다. 고기를 칼로 절단하자
마자 절단면이 적자색을 띠는 이유다.

고기의 절단면을 공기 중에 방치해 두면 적자색이 점점 '**선홍색**'으
로 변한다. 이것은 공기 중의 산소가 환원마이오글로빈과 결합하여
'**산소화마이오글로빈**Oxymyoglobin'이 되었기 때문인데, 공기 중에 방치한

고기의 색이 선홍색으로 변하는 현상을 '블루밍Blooming'이라고 한다. 블루밍은 보통 환원마이오글로빈을 공기 중에 약 30~45분 정도 방치하면 일어난다. 환원마이오글로빈과 산소화마이오글로빈은 산소 존재 여부에 따라 언제든지 변화가 가능하다. 환원마이오글로빈은 진공 포장처럼 산소가 존재하지 않을 때, 산소화마이오글로빈은 산소가 지속적으로 공급되는 환경에서 많이 발생한다.

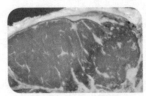

산화마이오글로빈   부패직전 쇠고기 색

▲ 산화마이오글로빈에 의한 갈색과 부패에 의한 갈색*

● 출처: 축산물품질평가원

         그러나 공기처럼 산소가 지속적으로 공급되는 환경이 아닌 부분 진공 포장처럼 소량의 산소만 존재하는 환경이면 마이오글로빈의 철 원자는 산화된다. 산화된 철 원자를 가지는 마이오글로빈을 '산화마이오글로빈Metmyoglobin'이라고 하며, 이때는 '갈색'을 나타낸다. 산화마이오글로빈의 갈색은 산업적으로 심각한 문제가 된다. 환원마이오글로빈과 산소화마이오글로빈이 산소 존재 여부에 따라 언제든 변화가 가능한 것과는 달리 산화마이오글로빈으로 변하면 다시 환원 상태로 돌아가기가 어렵다. 또한 갈색을 나타내는 고기를 소비자는 오래되었거나 상한 것이라고 오해하고 구입을 꺼리기 때문이다. 그러나 고기의 갈색이 부패했기 때문에 나타나는 것만은 아니다. 산소가 부족하거나 진열등, 햇빛, 소금 등에 의해서도 고기가 갈색으로 변할 수 있다. 하지만 보는 것만으로는 구분이 어렵기 때문에 냄새를 맡거나 손으로 만져 봐야 한다. 따라서 산화마이오글로빈이 생성되는 것을 사전에 방지하는 것이 가장 좋은 방법이며, 이를 위해 포장할 때 산소를 완전히 제거하고, 아스코르브산Ascorbic Acid, 비타민 C과 같은 항산화제를 첨가하여 환원 상태를 유지해야 한다.

Q. 고기에서 흘러나온 것은 핏물인가요?

A. 핏물이 아니고 '육즙'입니다.

Q. 육즙은 왜 붉은색인가요?

A. 육색소인 '마이오글로빈'이 육즙에 녹아있기 때문입니다.

Q. 닭가슴살은 왜 백색인가요?

A. '마이오글로빈 함량'이 매우 낮기 때문입니다.

Q. 갈색 고기는 다 부패한건가요?

A. '마이오글로빈의 화학적 상태', 진열등, 햇빛, 소금 등에 의해서도 고기가 갈색으로 변할 수 있기 때문에, 갈색이라고 다 상한 것은 아닙니다.

5. 행복한 동물의 행복한 맛

축 처지는 몸을 힘들게 일으켜 발 디딜 틈 없는 지옥철을 타고 출근한다.

사무실에 겨우 도착해 한숨 돌리려는 순간, 과장님의 호출…

어제 새벽까지 작성한 업무 보고서가 엉망이라며, 끝없이 쏟아내는 잔소리…

터벅터벅 돌아온 사무실에서 날 기다리는 산더미 같은 서류들…

'오늘도 새벽 근무 예약이구나… 아! 스트레스…'

계속되는 스트레스에 안 걸리던 감기마저 걸렸는데, 증상은 나아지지 않고 오히려 점점 심해진다…

동물들도 사람처럼 기본적인 욕구가 있고, 욕구가 충족되지 못하면 스트레스를 받는다. 사람에게 스트레스가 만병의 근원이듯, 동물에게도 스트레스는 피해야 할 대상이다.

동물에게도 복지를!

최근 우리나라 사회에서 논란의 중심인 복지 정책. 놀라운 것은 동물에게도 복지가 있다는 것이다. '동물복지'란 동물도 하나의 생명체로, '정신적, 육체적으로 편안한 환경을 제공하여 스트레스를 최소화하자'는 것이다. 일반적으로 동물복지는 다음과 같은 동물의 5대 자유를 충족시키고자 노력한다.

※ 동물의 5대 자유

① 배고픔, 갈증, 영양 불량으로부터의 자유

② 두려움, 불안함, 고통으로부터의 자유

③ 통증, 부상, 질병으로부터의 자유

④ 불편함으로부터의 자유

⑤ 정상적 행동을 표현할 자유

사람들이 동물의 경제적 이용 가치만 강조하여 항생제를 과다 사용하고, 밀집 사육 등을 하면서, 전염병 발생, 분뇨에 의한 환경오염 등이 심각해져 오히려 축산업의 발전이 저해되고 있다. 이러한 현상을 개선하고 지속 가능한 축산업의 발전 기반을 조성하자는 새로운 대안으로 동물복지가 선진국을 중심으로 전 세계적

● 출처: 농림축산검역본부

으로 빠르게 확신되고 있다. 실제로 영국, 스웨덴의 축산물 시장에서는 이미 상당한 양의 동물복지 인증 축산물이 거래되고 있다. 우리에게 익숙한 맥도날드는 인도적 대우가 이루어진 동물만을 식재료로 사용하기로 하였으며, 버거킹도 방사하여 자유롭게 길러진 닭을 사용하겠다고 선언하였다. 또한 앞으로 국제 시장에서 축산물을 거래할 때 동물복지 인증이 중요한 협상 기준이 될 것으로 예상된다. 이에 우리나라도 동물 보호법을 제정하여 동물이 받는 스트레스를 최소화하기 위해 노력하고 있다. 농장의 경우에는 동물복지 농장 기준을 만들어 이 기준을 만족하는 농장에서 생산된 축산물에 대해 '동물복지 인증 축산물'로 표시하도록 하고 있다.

▲ 동물복지 축산 농장 표시 도형*

구분합시다!

동물권Animal Rights? 동물복지Animal Welfare?

'동물권'은 사람을 위해 '동물을 경제적으로 이용하는 것 자체를 금지'하는 것으로, '동물과 사람을 동등한 관계'로 본다. 따라서 동물권을 주장하는 사람들은 육식을 금지하고 모피나 동물원, 수족관 등을 모두 반대한다.

'동물복지'는 동물의 경제적 이용 자체를 반대하는 것은 아니다. '동물의 경제적 이용을 허용'하되 '최소한의 배려를 통해 동물이 받는 스트레스를 최소화'하자는 것이다. 또한 소비자, 환경 등도 함께 고려하여 안전성 확보, 생산 체계의 선진화, 친환경성 확보 등을 목표로 한다.

행복한 동물이 만든 고기는 때깔도 곱다!

그렇다면 동물복지가 동물에게 주는 영향은 무엇이며, 왜 우리에게 필요한 것일까?

과도한 스트레스를 받은 동물은 우리가 눈으로 확실하게 확인할 수 있을 만큼 질 나쁜 고기를 생산한다.

당신 앞에 당신을 잡아먹으려는 부장님이 다가오고 있다. 심장 박동이 빨라지면서 호흡도 빨라지고, 열이 나고, 식은땀이 흐르고… 이러한 몸의 변화는 스트레스를 받았을 때 분비되는 호르몬에 의해 신진대사가 빨라지면서 나타나는 현상이다.

동물들도 스트레스를 받으면 신진대사가 빨라진다. 동물은 대부분 태어나서 농장 안에서만 자라기 때문에 도축장으로 이동할 때 낯선 환경과 사람과의 접촉 등으로 스트레스를 받는다. 특히 돼지나 닭은 도축 직전에 극심한 스트레스를 받고 신진대사가 매우 빨라진다. 신진대사가 빨라지면 대사에 의해 열이 발생해 근육의 온도가 올라간다. 또한 동물은 죽더라도 근육에 남아 있는 영양분을 이용해 에너지를 만드는 사후대사를 하는데, 스트레스를 받아 신진대사가 빨라진 상태에서 도축이 되면 사후대사도 빠르게 일어난다. 이 과정에서 젖산Lactate이라는 산성 물질이 생기고 근육에 그대로 쌓이면 근육을 산성

화시켜 근육을 이루는 단백질의 성질을 변화시킨다. 결국 도축 직전
에 극심한 스트레스를 받으면 근육의 온도가 높아지고, 빠른 사후대
사에 의해 많은 양의 젖산이 생겨 근육이 심하게 산성화되면 근육 단
백질의 성질도 급격하게 변한다. 단백질의 성질이 급격하게 변하면 고
기의 색이 매우 창백해지고, 육즙도 많이 빠져나오며 고기가 흐물흐
물거리는 상태가 된다. 이러한 상태의 고기를 '**PSE**^{Pale, Soft, Exudative}**육**'이
라고 하며 주로 돼지고기(일명 '**물돼지**')와 닭고기에서 많이 발견된다.
PSE육은 고기 색이 창백해 소비자가 구매를 기피하게 되고, 조리 중에
육즙이 많이 손실되어 먹을 때 퍽퍽해서 맛이 없다. 가공할 때도 수분
이 많이 손실되어 생산량이 줄어들고, 가공된 후의 제품 품질도 나빠
육가공 산업에서도 문제가 된다.

동물이 도축 직전이 아니라 농장 출하, 운송, 도축 전까지 다양한 요
인에 의해 장시간 스트레스를 받으면 PSE육과 반대 상태를 보인다. 동
물은 장시간 스트레스에 의해 근육에 저장되어 있던 영양분을 에너지
를 만들기 위해 써 버린다. 이 상태에서 도축하면 죽은 뒤에 에너지를
만들기 위한 영양분이 없어 사후대사가 일어나기 힘들고, 사후대사가
일어나지 않으면 젖산도 거의 만들어지지 않는다. 이렇게 고기의 산성
화가 너무 적게 일어나면 고기 단백질은 성질이 거의 변하지 않아 고

기 색이 매우 어둡고, 육즙은 거의 빠져나오지 않으며 매우 단단해진다. 이러한 상태를 'DFD^{Dark, Firm, Dry 또는 Dark Cutting Meat, 암적색육}'라고 하며, 주로 쇠고기에서 많이 나타난다. DFD육은 지나치게 짙은 고기 색이 소비자의 구매 의욕을 떨어뜨리고, 정상적인 고기나 PSE육에 비해 미생물이 잘 자랄 수 있는 환경이라 부패가 빠르게 진행될 수 있다는 문제가 있다[*].

● Part 1-3 참고

질병 예방에는 항생제보다 자연이 최고여~

'슈퍼박테리아^{Super Bacteria}'에 대해 들어본 적 있는가? 슈퍼박테리아는 강력한 항생제에 노출되어도 생존할 수 있어 사람의 목숨을 위협하는 대단히 위험한 존재이다. 슈퍼박테리아가 생겨난 원인 중 하나로 축산업에서의 항생제 과다 사용이 지목된다.

축산업에서 항생제는 질병의 예방이나 치료의 목적 외에도 동물의 성장을 촉진시키기 위해 사용되었다. 그러나 동물을 빨리 키우기 위해 항생제를 마구 사용하다 보니 동물에 살고 있던 미생물들이 항생제 내성을 가지도록 진화하게 되었다. 이로 인해 항생제를 투여해도 병에 걸리는 동물들이 생겨났고, 또한 항생제 내성균들이 사람에게 옮겨가 사람의 몸속 미생물에게도 항생제 내성을 전달하여 또 다른 항생제 내성균이 만들어질 가능성이 있다.

   동물복지는 항생제를 통해 질병을 통제하기보다 동물들 자체의 면역력을 키워 질병에 걸리지 않게 하는 것을 목표로 한다. 그래서 축사의 지붕과 벽을 개조하여 햇볕도 충분하게 쬐도록 해 주고 통풍 시설을 통해 바람도 쐴 수 있도록 한다. 또한 넓은 초원을 자유롭게 거닐 수 있도록 하며, 축사 안에서도 몸을 눕히기조차 힘들 정도로 여러 마리가 빽빽하게 몰려있는 것이 아니라 움직임에 불편함이 없을 정도의 넓은 공간을 제공한다. 실제로 우리나라 동물복지 축사의 돼지들은 항생제 사용 없이도 병에 잘 걸리지 않아 건강하고 빠르게 자란다. 같은 날에 태어난 돼지가 동물복지 축사에서 115kg으로 자라는 동안 일반 농장에서는 90kg 정도로 자랐다. 또한 새끼 돼지도 더 크고 건강하게 태어나며, 생존율도 높고, 나중에 무게도 더 나간다. 일반 돼지농장에서 태어난 새끼 돼지는 보통 700~800g이었고, 한 달 동안 6~7마리의 새끼 돼지가 죽었지만, 동물복지 축사에서는 보통 1kg 정도로 태어났으며, 일 년 반 동안 7마리만 죽었다.

▲ 동물복지를 위해 초원에서 방목되는 한우와 일반 축사에서 사육되는 한우

　'소, 돼지, 닭이 자라는 축사에서 우아한 클래식 연주회'를 상상해 본 적 있는가? 동물 분뇨로 오염되고 악취가 진동하는 곳에서 무슨 연주회냐고? 그러나 최근 우리나라 축산 농장에서 실제로 오케스트라의 연주가 울려 퍼지는 모습을 볼 수 있다. 바로 동물복지, 친환경 축산의 결과이다. 동물복지는 친환경, 지속 가능한 축산업 실현을 목표로 하고 있다. 동물이 사육되는 축사에 가장 많이 들어오는 민원 중하나는 바로 분뇨에 의한 오염과 악취. 이에 농림축산식품부는 동물복지 축사에 가축 분뇨 자원화 시설을 설치하여 분뇨를 퇴비, 액비로 재활용하고, 바이오 가스 공장을 이용해 에너지 생산을 하도록 투자하고 있다. 동물복지가 기존 축사의 환경오염 해결사 역할을 하는 것이다.

동물의 기본적인 욕구를 충족시켜 스트레스를 최소화하는 동물복지는 동물 자체의 건강과 행복을 지키며, 나아가 맛있는 고기, 안전한 고기를 생산하여 사람을 행복하게 만들 수 있고, 깨끗한 환경에서 사람과 동물이 공존할 수 있게 한다. 동물복지. 동물뿐만 아니라 우리 자신을 위해 명심하자!

부록

찾아보기

MEATING MEAT+MEETING

초판 1쇄 인쇄일 2015년 02월 26일
초판 1쇄 발행일 2015년 03월 03일

지은이 고려대학교 식품생의학안전연구소
펴낸이 김양수
편집·디자인 이정은
교　정 장하나

펴낸곳 도서출판 맑은샘
출판등록 제2012-000035
주소 경기도 고양시 일산서구 중앙로 1456(주엽동) 서현프라자 604호
대표전화 031.906.5006　**팩스** 031.906.5079
이메일 okbook1234@naver.com
홈페이지 www.booksam.co.kr

ISBN 979-11-5778-017-4 (03590)

「이 도서의 국립중앙도서관 출판시도서목록(CIP)은 서지정보유통지
원 시스템 홈페이지(http://seoji.nl.go.kr)와 국가자료공동목록시스템
(http://www.nl.go.kr/kolisnet)에서 이용하실 수 있습니다.(CIP제
어번호: CIP2015006754)」